この一冊があなたのビジネス力を育てる！

Word、Excelを、あなたは使いこなせていますか？
この2つのアプリは、いまやビジネスの現場では欠かせません。
FOM出版のテキストを使って、WordやExcelの基本機能をしっかり学んで、
ビジネスでいかせる本物のスキルを身に付けましょう。

第1章 さあ、はじめよう Word

Word習得の第一歩
基本操作をマスターしよう

まずは基本が大切！
Wordの画面に慣れることからはじめよう！

「リボン」と呼ばれる領域から
「ボタン」を使って、
様々な命令を実行！

作業状況に応じて
「表示モード」を切り替え、
操作しやすい画面にできる！

Wordの画面周りや基本操作は、
Excelでもすべて共通。
まずはWordに慣れれば、
Excelも早く覚えられそうだね！

Wordの基礎知識については **8ページ** を **check!**

第2章 文書を作成しよう Word

文書作成の基本テクニックを習得
ビジネス文書を作って印刷しよう

お客様宛の案内状。どんなあいさつの言葉を入れたらいいのかな？
ビジネス文書の形式として合っているかな？
印刷したら見栄えが悪い。何度も印刷しなおして用紙を無駄にしてしまった…

文字の配置はボタンで簡単に変更できる！

頭語や結語、季節に合わせたあいさつ文などを自動的に入力できる！

文字の大きさや書体を変えてタイトルを強調！

箇条書きの先頭に行頭文字を付けて、項目を見やすく整理！

印刷前に、印刷イメージを確認！バランスが悪かったら、ページ設定で行数や余白を調整！

Wordでの文書作成については **24ページ** を **check!**

第3章 グラフィック機能を使ってみよう (Word)

文書の表現力をアップ
グラフィック機能を使ってみよう

文字の羅列では、何だか味気ないな…
インパクトのある文書にしたいな…

インパクトのあるタイトルを簡単に作成できる！

写真やイラストを挿入して、表現力をアップ！

ページの周りに飾りの罫線を引いて強調！

Wordでのグラフィック機能の利用については 54ページ を check!

第4章 表のある文書を作成しよう Word

表の作成も簡単
文書内に見やすい表を作ってみよう

思うように罫線が引けなくて、表作成に苦手意識があるんだけど…

表にすると、情報を項目別に整理できてわかりやすい！

塗りつぶしを設定して項目をわかりやすく！

列数と行数を指定するだけで簡単に表を作成できる！

➡ Wordでの表の作成については **78ページ** を **check!**

第5章 さあ、はじめよう Excel

Excel習得の第一歩
基本操作をマスターしよう

まずは基本が大切！Excelの画面に慣れることからはじめよう！

画面周りや基本操作はWordと共通！

Excelは複数の「ワークシート」が重なった特殊な構造。この作業領域に表を作成するよ。

Excelの基本は行と列。しくみを覚えれば、たくさんのセルも怖くない！

➡ Excelの基礎知識については **100ページ** を **check!**

第6章 データを入力しよう Excel
どんな表も入力が必須
データ入力からはじめよう

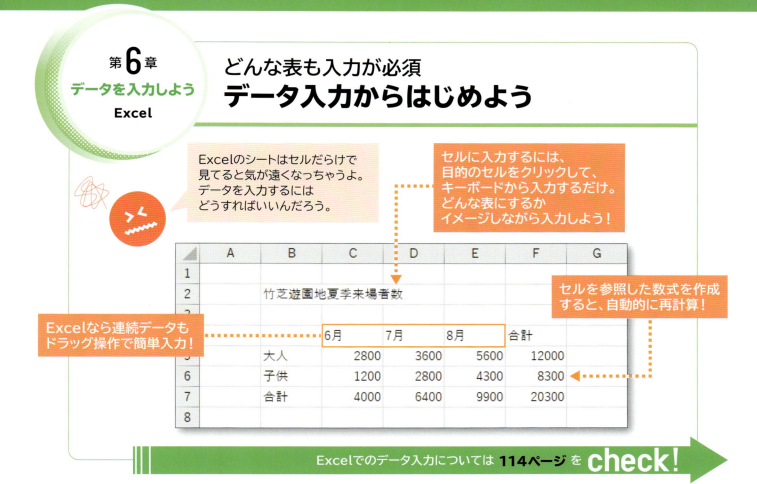

Excelでのデータ入力については **114ページ** を **check!**

第7章 表を作成しよう Excel
表計算の基本テクニックを習得
売上表を作ってみよう

データは入力したけど…
どうやってデータを計算したり、表の見栄えを整えたりするんだろう？

- タイトルの大きさや書体を変えて目立たせる！
- 表に罫線や塗りつぶしを設定して、わかりやすく！
- 関数を使うと、表の中の合計や平均も簡単に求められる！
- 3桁区切りカンマを付けたり、パーセント表示にしたりして、数字を読みやすく！

FOMブックストアー 下期売上表

単位：千円

	10月	11月	12月	1月	2月	3月	下期合計	売上構成比
和書	805	715	850	898	753	920	4,941	28.5%
洋書	306	255	281	395	207	293	1,737	10.0%
雑誌	593	502	609	567	545	587	3,403	19.7%
コミック	331	357	582	546	403	495	2,714	15.7%
DVD	116	201	98	105	113	198	831	4.8%
ソフトウェア	371	406	896	431	775	804	3,683	21.3%
合計	2,522	2,436	3,316	2,942	2,796	3,297	17,309	100.0%
平均	420	406	553	490	466	550	2,885	

Excelでの表の作成については **130ページ** を **check!**

第8章 グラフを作成しよう Excel

データを視覚化
グラフを作ってみよう

報告書や企画書は、数字ばかりじゃわかりづらい。グラフを使って、ひと目でわかるものにしたいんだけど…

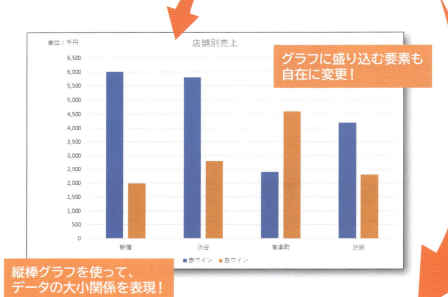

グラフに盛り込む要素も自在に変更！

縦棒グラフを使って、データの大小関係を表現！

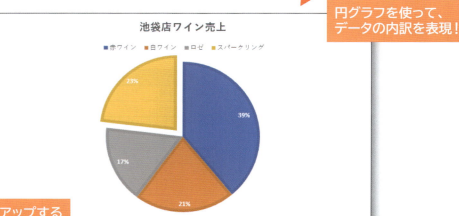

円グラフを使って、データの内訳を表現！

グラフの見栄えをアップするスタイルも多彩！

Excelでのグラフの作成については **156ページ** を **check!**

第9章 データを分析しよう Excel

大量のデータも簡単管理
データベースを使ってみよう

データベース機能を使うと、表を並べ替えたり表の中から目的のデータを探し出したりできるんだね！

「金額」が高い順に表を一気に並べ替え！

テーブルに変換すると自動的に表の見栄えが整う！

「受講率」が90％より大きいデータを強調！

目的のデータをすばやく抽出！

Excelでのデータベースの利用については **182ページ** を check！

第10章 アプリ間でデータを共有しよう

データの連携
異なるアプリのデータを利用しよう

Word・Excelとそれぞれ特長があって便利だけど…
違うアプリのデータを利用することってできるのかな？

Excelの売上表を利用！

Wordの文書内にExcelの表を貼り付けることができる！

宛先にExcelのデータを挿入できる！

Excelの住所録を利用！

Word・Excelの連携については **202ページ** を **check!**

はじめに

Word 2019・Excel 2019は、やさしい操作性と優れた機能を兼ね備えたアプリです。Wordでビジネス文書を作成し、Excelで顧客データを管理するなど、日々のビジネスシーンにおいて欠かせない存在となっています。

本書は、Word・Excelの基本的な操作を習得し、アプリを連携してデータを共有させるなど、仕事で必要なスキルを1冊で効率よく学習できます。また、練習問題を豊富に用意しており、問題を解くことによって理解度を確認でき、着実に実力を身に付けられます。

本書は、経験豊富なインストラクターが、日頃のノウハウをもとに作成しており、講習会や授業の教材としてご利用いただくほか、自己学習の教材としても最適なテキストとなっております。

本書を通して、Word・Excelの知識を深め、実務にいかしていただければ幸いです。

本書を購入される前に必ずご一読ください

本書は、2019年4月現在のWindows 10（ビルド17763.379）、Word 2019・Excel 2019（16.0.10342.20010）に基づいて解説しています。本書発行後のWindowsやOfficeのアップデートによって機能が更新された場合には、本書の記載のとおりに操作できなくなる可能性があります。あらかじめご了承のうえ、ご購入・ご利用ください。

2019年7月3日

FOM出版

- ◆Microsoft、Access、Excel、Windowsは、米国Microsoft Corporationの米国およびその他の国における登録商標または商標です。
- ◆その他、記載されている会社および製品などの名称は、各社の登録商標または商標です。
- ◆本文中では、TMや®は省略しています。
- ◆本文中のスクリーンショットは、マイクロソフトの許可を得て使用しています。
- ◆本文およびデータファイルで題材として使用している個人名、団体名、商品名、ロゴ、連絡先、メールアドレス、場所、出来事などは、すべて架空のものです。実在するものとは一切関係ありません。
- ◆本書に掲載されているホームページは、2019年4月現在のもので、予告なく変更される可能性があります。

目次

- ■ 本書をご利用いただく前に -- 1

■ 第1章　さあ、はじめよう　Word 2019 ---------------------------- 8

Check	この章で学ぶこと	9
Step1	Wordの概要	10
●1	Wordの概要	10
Step2	Wordを起動する	12
●1	Wordの起動	12
●2	Wordのスタート画面	13
●3	文書を開く	14
Step3	Wordの画面構成	16
●1	Wordの画面構成	16
●2	Wordの表示モード	17
●3	表示倍率の変更	19
Step4	Wordを終了する	21
●1	文書を閉じる	21
●2	Wordの終了	23

■ 第2章　文書を作成しよう　Word 2019 ----------------------------24

Check	この章で学ぶこと	25
Step1	作成する文書を確認する	26
●1	作成する文書の確認	26
Step2	新しい文書を作成する	27
●1	文書の新規作成	27
●2	ページ設定	27
Step3	文章を入力する	29
●1	編集記号の表示	29
●2	日付の挿入	29
●3	頭語と結語の入力	31
●4	あいさつ文の挿入	31
●5	記書きの入力	33

Step4	文字を削除する・挿入する	34
	●1　削除	34
	●2　挿入	35
Step5	文字をコピーする・移動する	36
	●1　コピー	36
	●2　移動	38
Step6	文章の体裁を整える	40
	●1　中央揃え・右揃え	40
	●2　インデントの変更	41
	●3　フォント・フォントサイズの設定	42
	●4　太字・斜体・下線の設定	44
	●5　文字の均等割り付け	45
	●6　箇条書きの設定	46
Step7	文書を印刷する	47
	●1　印刷の手順	47
	●2　印刷イメージの確認	47
	●3　印刷	48
Step8	文書を保存する	49
	●1　名前を付けて保存	49
練習問題		51

■第3章　グラフィック機能を使ってみよう　Word 2019 ──────54

Check	この章で学ぶこと	55
Step1	作成する文書を確認する	56
	●1　作成する文書の確認	56
Step2	ワードアートを挿入する	57
	●1　ワードアートの挿入	57
	●2　ワードアートのフォント・フォントサイズの設定	59
	●3　ワードアートの形状の変更	61
	●4　ワードアートの移動	62
Step3	画像を挿入する	63
	●1　画像の挿入	63
	●2　文字列の折り返し	65
	●3　画像のサイズ変更と移動	67
	●4　アート効果の設定	69
	●5　図のスタイルの適用	70
	●6　画像の枠線の変更	71

Step4	文字の効果を設定する	73
	●1　文字の効果の設定	73
Step5	ページ罫線を設定する	74
	●1　ページ罫線の設定	74
練習問題		76

■第4章　表のある文書を作成しよう　Word 2019　78

Check	この章で学ぶこと	79
Step1	作成する文書を確認する	80
	●1　作成する文書の確認	80
Step2	表を作成する	81
	●1　表の作成	81
	●2　文字の入力	82
Step3	表のレイアウトを変更する	83
	●1　行の挿入	83
	●2　表のサイズ変更	84
	●3　列の幅の変更	86
	●4　セルの結合	88
Step4	表に書式を設定する	90
	●1　セル内の配置の設定	90
	●2　表の配置の変更	92
	●3　セルの塗りつぶしの設定	93
	●4　罫線の種類と太さの変更	94
Step5	段落罫線を設定する	96
	●1　段落罫線の設定	96
練習問題		98

■第5章　さあ、はじめよう　Excel 2019　100

Check	この章で学ぶこと	101
Step1	Excelの概要	102
	●1　Excelの概要	102
Step2	Excelを起動する	104
	●1　Excelの起動	104
	●2　Excelのスタート画面	105
	●3　ブックを開く	106
	●4　Excelの基本要素	108

	Step3	Excelの画面構成	109
		●1 Excelの画面構成	109
		●2 Excelの表示モード	111
		●3 シートの挿入	112
		●4 シートの切り替え	113

■第6章　データを入力しよう　Excel 2019 — 114

	Check	この章で学ぶこと	115
	Step1	作成するブックを確認する	116
		●1 作成するブックの確認	116
	Step2	新しいブックを作成する	117
		●1 ブックの新規作成	117
	Step3	データを入力する	118
		●1 データの種類	118
		●2 データの入力手順	118
		●3 文字列の入力	119
		●4 数値の入力	120
		●5 数式の入力	121
		●6 データの修正	123
		●7 データのクリア	124
	Step4	オートフィルを利用する	126
		●1 連続データの入力	126
		●2 数式のコピー	127
練習問題			129

■第7章　表を作成しよう　Excel 2019 — 130

	Check	この章で学ぶこと	131
	Step1	作成するブックを確認する	132
		●1 作成するブックの確認	132
	Step2	関数を入力する	133
		●1 関数	133
		●2 SUM関数	133
		●3 AVERAGE関数	136
	Step3	セルを参照する	138
		●1 セルの参照	138

Step4	表の書式を設定する	140
	●1 罫線を引く	140
	●2 セルの塗りつぶしの設定	141
	●3 フォント・フォントサイズ・フォントの色の設定	142
	●4 表示形式の設定	143
	●5 セル内の配置の設定	146
Step5	表の行や列を操作する	148
	●1 列の幅の変更	148
	●2 列の幅の自動調整	149
	●3 行の挿入	150
Step6	表を印刷する	152
	●1 印刷の手順	152
	●2 印刷イメージの確認	152
	●3 ページ設定	153
	●4 印刷	154
練習問題		155

■第8章　グラフを作成しよう　Excel 2019　156

Check	この章で学ぶこと	157
Step1	作成するグラフを確認する	158
	●1 作成するグラフの確認	158
Step2	グラフ機能の概要	159
	●1 グラフ機能	159
	●2 グラフの作成手順	159
Step3	円グラフを作成する	160
	●1 円グラフの作成	160
	●2 グラフタイトルの入力	163
	●3 グラフの移動とサイズ変更	164
	●4 グラフのスタイルの適用	166
	●5 切り離し円の作成	167
Step4	縦棒グラフを作成する	170
	●1 縦棒グラフの作成	170
	●2 グラフの場所の変更	173
	●3 グラフ要素の表示	174
	●4 グラフ要素の書式設定	175
	●5 グラフフィルターの利用	179
練習問題		181

■第9章　データを分析しよう　Excel 2019 — 182

Check	この章で学ぶこと	183
Step1	データベース機能の概要	184
	●1　データベース機能	184
	●2　データベース用の表	184
Step2	表をテーブルに変換する	186
	●1　テーブル	186
	●2　テーブルへの変換	187
	●3　テーブルスタイルの適用	188
	●4　集計行の表示	190
Step3	データを並べ替える	191
	●1　並べ替え	191
	●2　ひとつのキーによる並べ替え	191
	●3　複数のキーによる並べ替え	192
Step4	データを抽出する	194
	●1　フィルターの実行	194
	●2　抽出結果の絞り込み	195
	●3　条件のクリア	195
	●4　数値フィルター	196
Step5	条件付き書式を設定する	197
	●1　条件付き書式	197
	●2　条件に合致するデータの強調	198
	●3　データバーの設定	199
練習問題		201

■第10章　アプリ間でデータを共有しよう — 202

Check	この章で学ぶこと	203
Step1	Excelの表をWordの文書に貼り付ける	204
	●1　作成する文書の確認	204
	●2　データの共有	205
	●3　複数アプリの起動	205
	●4　Excelの表の貼り付け	207
	●5　Excelの表のリンク貼り付け	209
	●6　表のデータの変更	211

	Step2	ExcelのデータをWordの文書に差し込んで印刷する	213
	●1	作成する文書の確認	213
	●2	差し込み印刷	214
	●3	差し込み印刷の手順	215
	●4	差し込み印刷の実行	215

■総合問題 222

総合問題1	223
総合問題2	225
総合問題3	227
総合問題4	229
総合問題5	231
総合問題6	233
総合問題7	236

■索引 238

■ローマ字・かな対応表 245

練習問題・総合問題の解答は、FOM出版のホームページで提供しています。P.5「5　学習ファイルと解答の提供について」を参照してください。

購入特典

本書をご購入された方には、次の特典（PDFファイル）をご用意しています。FOM出版のホームページからダウンロードして、ご利用ください。

特典1　Office 2019の基礎知識
- Step1　コマンドを実行する……………………………………………………… 2
- Step2　タッチモードに切り替える……………………………………………… 10
- Step3　タッチで操作する………………………………………………………… 12
- Step4　タッチキーボードを利用する…………………………………………… 17
- Step5　タッチで範囲を選択する………………………………………………… 20
- Step6　タッチ操作の留意点……………………………………………………… 24

特典2　Office 2019の新機能
- Step1　アイコンを挿入する……………………………………………………… 2
- Step2　3Dモデルを挿入する……………………………………………………… 10
- Step3　インクを図形に変換する………………………………………………… 14
- Step4　新しいグラフを作成する（Excel）……………………………………… 19

特典3　Windows 10の基礎知識
- Step1　Windowsの概要…………………………………………………………… 2
- Step2　マウス操作とタッチ操作………………………………………………… 3
- Step3　Windows 10を起動する…………………………………………………… 5
- Step4　Windowsの画面構成……………………………………………………… 6
- Step5　ウィンドウを操作する…………………………………………………… 9
- Step6　ファイルを操作する……………………………………………………… 18
- Step7　Windows 10を終了する…………………………………………………… 24

【ダウンロード方法】
①次のホームページにアクセスします。

ホームページ・アドレス

https://www.fom.fujitsu.com/goods/eb/

②「Word 2019 & Excel 2019（FPT1905）」の《特典を入手する》を選択します。
③本書の内容に関する質問に回答し、《入力完了》を選択します。
④ファイル名を選択して、ダウンロードします。

本書をご利用いただく前に

本書で学習を進める前に、ご一読ください。

1 本書の記述について

操作の説明のために使用している記号には、次のような意味があります。

記述	意味	例
☐	キーボード上のキーを示します。	[Ctrl] [F4]
☐＋☐	複数のキーを押す操作を示します。	[Ctrl]＋[C] ([Ctrl]を押しながら[C]を押す)
《　》	ダイアログボックス名やタブ名、項目名など画面の表示を示します。	《ページ設定》ダイアログボックスが表示されます。 《挿入》タブを選択します。
「　」	重要な語句や機能名、画面の表示、入力する文字列などを示します。	「スクロール」といいます。 「拝啓」と入力します。

 学習の前に開くファイル

 知っておくべき重要な内容

 知っていると便利な内容

※ 補足的な内容や注意すべき内容

 学習した内容の確認問題

 確認問題の答え

 問題を解くためのヒント

2 製品名の記載について

本書では、次の名称を使用しています。

正式名称	本書で使用している名称
Windows 10	Windows 10 または Windows
Microsoft Office 2019	Office 2019 または Office
Microsoft Word 2019	Word 2019 または Word
Microsoft Excel 2019	Excel 2019 または Excel
Microsoft Access 2019	Access 2019 または Access

3 効果的な学習の進め方について

本書の各章は、次のような流れで学習を進めると、効果的な構成になっています。

1 学習目標を確認

学習を始める前に、「この章で学ぶこと」で学習目標を確認しましょう。
学習目標を明確にすることによって、習得すべきポイントが整理できます。

2 章の学習

学習目標を意識しながら、機能や操作を学習しましょう。

3 練習問題にチャレンジ

章の学習が終わったあと、「練習問題」にチャレンジしましょう。
章の内容がどれくらい理解できているかを把握できます。

4 学習成果をチェック

章の始めの「この章で学ぶこと」に戻って、学習目標を達成できたかどうかをチェックしましょう。
十分に習得できなかった内容については、該当ページを参照して復習するとよいでしょう。

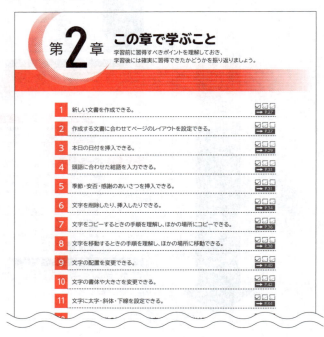

4 学習環境について

本書を学習するには、次のソフトウェアが必要です。

- ●Word 2019
- ●Excel 2019

本書を開発した環境は、次のとおりです。
- ・OS：Windows 10（ビルド17763.379）
- ・アプリケーションソフト：Microsoft Office Professional Plus 2019
  　　　　　　　　　　　　Microsoft Word 2019（16.0.10342.20010）
  　　　　　　　　　　　　Microsoft Excel 2019（16.0.10342.20010）
- ・ディスプレイ：画面解像度　1024×768ピクセル

※インターネットに接続できる環境で学習することを前提に記述しています。
※環境によっては、画面の表示が異なる場合や記載の機能が操作できない場合があります。

◆画面解像度の設定

画面解像度を本書と同様に設定する方法は、次のとおりです。
①デスクトップの空き領域を右クリックします。
②《**ディスプレイ設定**》をクリックします。
③《**解像度**》の▽をクリックし、一覧から《**1024×768**》を選択します。
※確認メッセージが表示される場合は、《変更の維持》をクリックします。

◆ボタンの形状

ディスプレイの画面解像度やウィンドウのサイズなど、お使いの環境によって、ボタンの形状やサイズが異なる場合があります。ボタンの操作は、ポップヒントに表示されるボタン名を確認してください。
※本書に掲載しているボタンは、ディスプレイの画面解像度を「1024×768ピクセル」、ウィンドウを最大化した環境を基準にしています。

◆スタイルや色の名前

本書発行後のWindowsやOfficeのアップデートによって、ポップヒントに表示されるスタイルや色などの項目の名前が変更される場合があります。本書に記載されている項目名が一覧にない場合は、掲載画面の色が付いている位置を参考に選択してください。

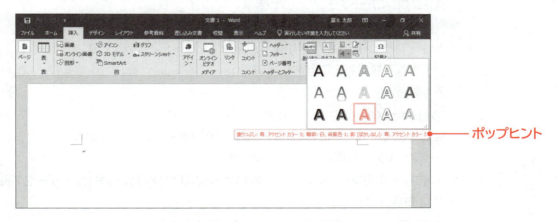

ポップヒント

5 学習ファイルと解答の提供について

本書で使用する学習ファイルと解答は、FOM出版のホームページで提供しています。

ホームページ・アドレス

```
https://www.fom.fujitsu.com/goods/
```

ホームページ検索用キーワード

```
FOM出版
```

1 学習ファイル

学習ファイルはダウンロードしてご利用ください。

◆ダウンロード

学習ファイルをダウンロードする方法は、次のとおりです。

①ブラウザーを起動し、FOM出版のホームページを表示します。
※アドレスを直接入力するか、キーワードでホームページを検索します。
②《ダウンロード》をクリックします。
③《アプリケーション》の《Office全般》をクリックします。
④《Word 2019 & Excel 2019　FPT1905》をクリックします。
⑤「fpt1905.zip」をクリックします。
⑥ダウンロードが完了したら、ブラウザーを終了します。
※ダウンロードしたファイルは、パソコン内のフォルダー「ダウンロード」に保存されます。

◆ダウンロードしたファイルの解凍

ダウンロードしたファイルは圧縮されているので、解凍（展開）します。
ダウンロードしたファイル「fpt1905.zip」を《ドキュメント》に解凍する方法は、次のとおりです。

①デスクトップ画面を表示します。
②タスクバーの ■ （エクスプローラー）をクリックします。
③《ダウンロード》をクリックします。
※《ダウンロード》が表示されていない場合は、《PC》をダブルクリックします。
④ファイル「fpt1905.zip」を右クリックします。
⑤《すべて展開》をクリックします。
⑥《参照》をクリックします。
⑦《ドキュメント》をクリックします。
※《ドキュメント》が表示されていない場合は、《PC》をダブルクリックします。
⑧《フォルダーの選択》をクリックします。
⑨《ファイルを下のフォルダーに展開する》が「C:¥Users¥（ユーザー名）¥Documents」に変更されます。
⑩《完了時に展開されたファイルを表示する》を ☑ にします。

⑪《展開》をクリックします。
⑫ファイルが解凍され、《ドキュメント》が開かれます。
⑬フォルダー「Word2019&Excel2019」が表示されていることを確認します。
※すべてのウィンドウを閉じておきましょう。

◆学習ファイルの一覧
フォルダー「Word2019&Excel2019」には、学習ファイルが入っています。タスクバーの ■ （エクスプローラー）→《PC》→《ドキュメント》をクリックし、一覧からフォルダーを開いて確認してください。

※フォルダー「第6章」は空の状態です。作成したファイルを保存する際に使用します。

◆学習ファイルの場所
本書では、学習ファイルの場所を《ドキュメント》内のフォルダー「Word2019&Excel2019」としています。《ドキュメント》以外の場所に解凍した場合は、フォルダーを読み替えてください。

◆学習ファイル利用時の注意事項
ダウンロードした学習ファイルを開く際、そのファイルが安全かどうかを確認するメッセージが表示される場合があります。学習ファイルは安全なので、《編集を有効にする》をクリックして、編集可能な状態にしてください。

2 練習問題・総合問題の解答

練習問題・総合問題の標準的な解答を記載したPDFファイルを提供しています。PDFファイルを表示してご利用ください。

◆PDFファイルの表示

練習問題・総合問題の解答を表示する方法は、次のとおりです。

①ブラウザーを起動し、FOM出版のホームページを表示します。
※アドレスを直接入力するか、キーワードでホームページを検索します。
②《ダウンロード》をクリックします。
③《アプリケーション》の《Office全般》をクリックします。
④《Word 2019 & Excel 2019　FPT1905》をクリックします。
⑤「fpt1905_kaitou.pdf」をクリックします。
⑥PDFファイルが表示されます。
※必要に応じて、印刷または保存してご利用ください。

6 本書の最新情報について

本書に関する最新のQ＆A情報や訂正情報、重要なお知らせなどについては、FOM出版のホームページでご確認ください。

ホームページ・アドレス

https://www.fom.fujitsu.com/goods/

ホームページ検索用キーワード

FOM出版

第1章

さあ、はじめよう Word 2019

Check	この章で学ぶこと	9
Step1	Wordの概要	10
Step2	Wordを起動する	12
Step3	Wordの画面構成	16
Step4	Wordを終了する	21

第1章 この章で学ぶこと

学習前に習得すべきポイントを理解しておき、学習後には確実に習得できたかどうかを振り返りましょう。

1	Wordで何ができるかを説明できる。	☑☑☑	→ P.10
2	Wordを起動できる。	☑☑☑	→ P.12
3	Wordのスタート画面の使い方を説明できる。	☑☑☑	→ P.13
4	既存の文書を開くことができる。	☑☑☑	→ P.14
5	Wordの画面の各部の名称や役割を説明できる。	☑☑☑	→ P.16
6	表示モードの違いを説明できる。	☑☑☑	→ P.17
7	文書の表示倍率を変更できる。	☑☑☑	→ P.19
8	文書を閉じることができる。	☑☑☑	→ P.21
9	Wordを終了できる。	☑☑☑	→ P.23

Step1 Wordの概要

1 Wordの概要

「Word」は、文書を作成するためのワープロソフトです。効率よく文字を入力したり、表やイラストなどを使って表現力豊かな文書を作成したりできます。
Wordには、主に次のような機能があります。

1 ビジネス文書の作成

定型のビジネス文書を効率的に作成できます。頭語と結語・あいさつ文・記書きなどの入力をサポートするための機能が充実しています。

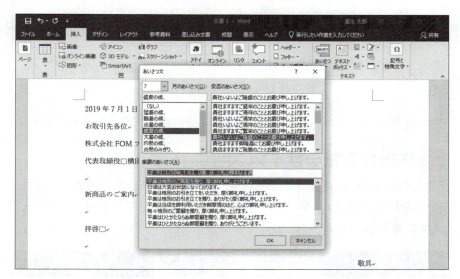

2 表現力のある文書の作成

文字を装飾したタイトルや、デジタルカメラで撮影した写真、自分で描いたイラストなどを挿入して、表現力のある文書を作成できます。

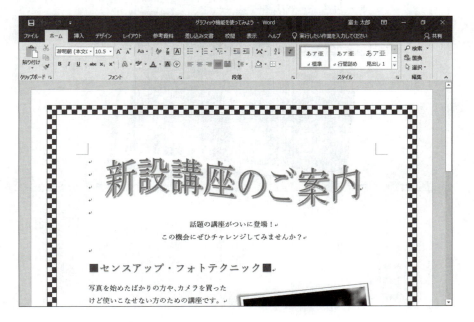

3 表の作成

行数や列数を指定するだけで簡単に「**表**」を作成できます。行や列を挿入・削除したり、列の幅や行の高さを変更したりできます。また、罫線の種類や太さ、色などを変更することもできます。

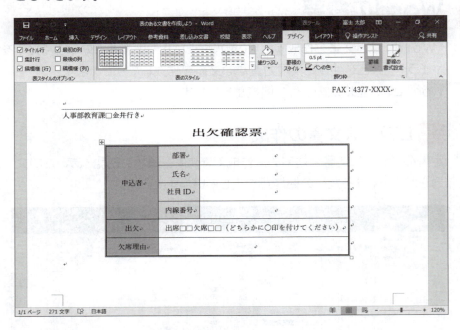

4 洗練されたデザインの利用

「**スタイル**」の機能を使って、表やイラスト、写真などの各要素に洗練されたデザインを瞬時に適用できます。スタイルの種類が豊富に用意されており、一覧から選択するだけで見栄えを整えることができます。

Step 2 Wordを起動する

1 Wordの起動

Wordを起動しましょう。

① ⊞（スタート）をクリックします。
スタートメニューが表示されます。
②《Word》をクリックします。
※表示されていない場合は、スクロールして調整します。

Wordが起動し、Wordのスタート画面が表示されます。
③タスクバーにWordのアイコンが表示されていることを確認します。
※ウィンドウが最大化されていない場合は、□（最大化）をクリックしておきましょう。

2 Wordのスタート画面

Wordが起動すると、「**スタート画面**」が表示されます。スタート画面では、これから行う作業を選択します。
スタート画面を確認しましょう。

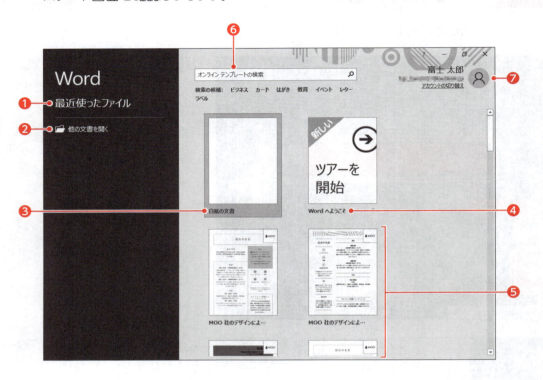

❶ 最近使ったファイル
最近開いた文書がある場合、その一覧が表示されます。
一覧から選択すると、文書が開かれます。

❷ 他の文書を開く
すでに保存済みの文書を開く場合に使います。

❸ 白紙の文書
新しい文書を作成します。
何も入力されていない白紙の文書が表示されます。

❹ Wordへようこそ
Word 2019の基本操作を紹介する文書が開かれます。

❺ その他の文書
新しい文書を作成します。
あらかじめ書式が設定された文書が表示されます。

❻ 検索ボックス
あらかじめ書式が設定された文書をインターネット上から検索する場合に使います。

❼ Microsoftアカウントのユーザー情報
Microsoftアカウントでサインインしている場合、その表示名やメールアドレスなどが表示されます。
※サインインしなくても、Wordを利用できます。

> **POINT　サインイン・サインアウト**
>
> 「サインイン」とは、正規のユーザーであることを証明し、サービスを利用できる状態にする操作です。
> 「サインアウト」とは、サービスの利用を終了する操作です。

3 文書を開く

すでに保存済みの文書をWordのウィンドウに表示することを「**文書を開く**」といいます。
スタート画面から文書「**さあ、はじめよう（Word2019）**」を開きましょう。
※P.5「5 学習ファイルと解答の提供について」を参考に、使用するファイルをダウンロードしておきましょう。

①スタート画面が表示されていることを確認します。
②《**他の文書を開く**》をクリックします。

文書が保存されている場所を選択します。
③《**参照**》をクリックします。

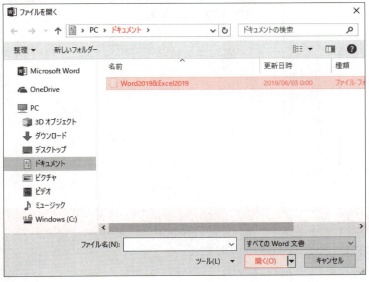

《**ファイルを開く**》ダイアログボックスが表示されます。
④《**ドキュメント**》が開かれていることを確認します。
※《ドキュメント》が開かれていない場合は、《PC》→《ドキュメント》を選択します。
⑤一覧から「**Word2019＆Excel2019**」を選択します。
⑥《**開く**》をクリックします。

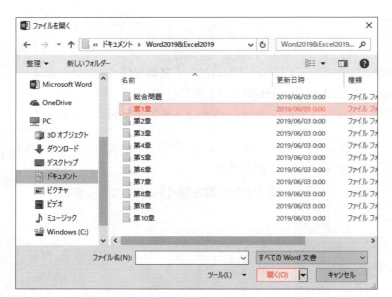

⑦一覧から「**第1章**」を選択します。
⑧《開く》をクリックします。

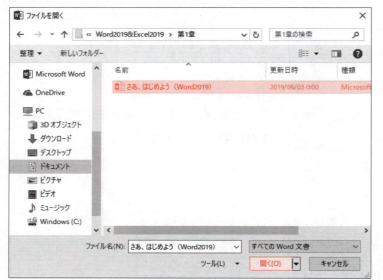

開く文書を選択します。
⑨一覧から「**さあ、はじめよう（Word2019）**」を選択します。
⑩《開く》をクリックします。

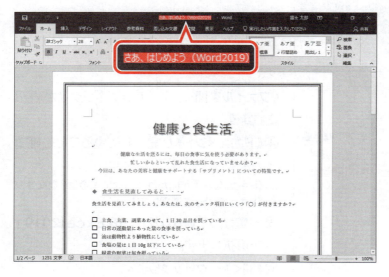

文書が開かれます。
⑪タイトルバーに文書の名前が表示されていることを確認します。
※《ナビゲーションウィンドウ》が表示されている場合は閉じておきましょう。

 **POINT 文書を開く**

Wordを起動した状態で、既存の文書を開く方法は、次のとおりです。
◆《ファイル》タブ→《開く》

Step3 Wordの画面構成

1 Wordの画面構成

Wordの画面構成を確認しましょう。

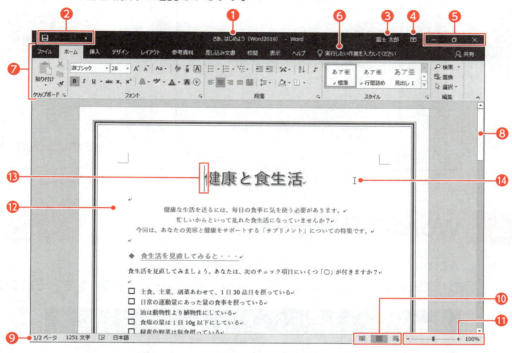

❶ **タイトルバー**
ファイル名やアプリ名が表示されます。

❷ **クイックアクセスツールバー**
よく使うコマンド（作業を進めるための指示）を登録できます。初期の設定では、■（上書き保存）、■（元に戻す）、■（繰り返し）の3つのコマンドが登録されています。
※タッチ対応のパソコンでは、3つのコマンドのほかに■（タッチ/マウスモードの切り替え）が登録されています。

❸ **Microsoftアカウントの表示名**
サインインしている場合に表示されます。

❹ **リボンの表示オプション**
リボンの表示方法を変更するときに使います。

❺ **ウィンドウの操作ボタン**
■（最小化）
ウィンドウが一時的に非表示になり、タスクバーにアイコンで表示されます。
■（元に戻す（縮小））
ウィンドウが元のサイズに戻ります。
※■（最大化）
ウィンドウを元のサイズに戻すと、■（元に戻す（縮小））から■（最大化）に切り替わります。クリックすると、ウィンドウが最大化されて、画面全体に表示されます。
■（閉じる）
Wordを終了します。

❻ **操作アシスト**
機能や用語の意味を調べたり、リボンから探し出せないコマンドをダイレクトに実行したりするときに使います。

❼ **リボン**
コマンドを実行するときに使います。関連する機能ごとに、タブに分類されています。
※タッチ対応のパソコンでは、《挿入》タブと《デザイン》タブの間に、《描画》タブが表示される場合があります。

❽ **スクロールバー**
文書の表示領域を移動するときに使います。
※スクロールバーは、マウスを文書内で動かすと表示されます。

❾ **ステータスバー**
文書のページ数や文字数、選択されている言語などが表示されます。また、コマンドを実行すると、作業状況や処理手順などが表示されます。

❿ **表示選択ショートカット**
表示モードを切り替えるときに使います。

⓫ **ズーム**
文書の表示倍率を変更するときに使います。

⓬ **選択領域**
ページの左端にある領域です。行を選択するときなどに使います。

⓭ **カーソル**
文字を入力する位置やコマンドを実行する位置を示します。

⓮ **マウスポインター**
マウスの動きに合わせて移動します。画面の位置や選択するコマンドによって形が変わります。

16

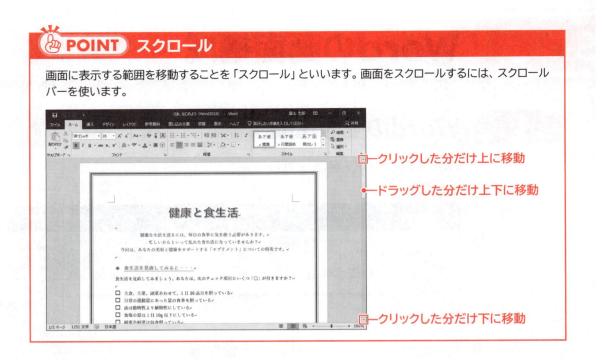

POINT スクロール

画面に表示する範囲を移動することを「スクロール」といいます。画面をスクロールするには、スクロールバーを使います。

- クリックした分だけ上に移動
- ドラッグした分だけ上下に移動
- クリックした分だけ下に移動

2 Wordの表示モード

Wordには、次のような表示モードが用意されています。
表示モードを切り替えるには、表示選択ショートカットのボタンをそれぞれクリックします。

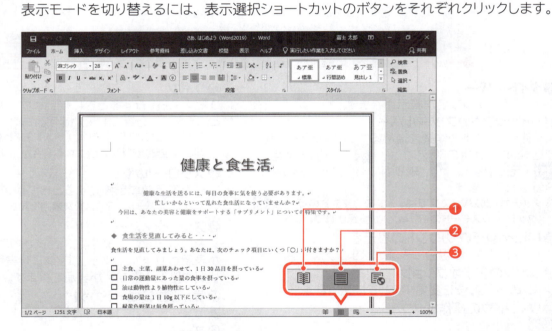

❶ （閲覧モード）
画面の幅に合わせて文章が折り返されて表示されます。クリック操作で文書をすばやくスクロールすることができるので、電子書籍のような感覚で文書を閲覧できます。画面上で文書を読む場合に便利です。

❷ （印刷レイアウト）
印刷結果とほぼ同じレイアウトで表示されます。余白や図形などがイメージどおりに表示されるので、全体のレイアウトを確認しながら編集する場合に便利です。通常、この表示モードで文書を作成します。

❸ （Webレイアウト）
ブラウザーで文書を開いたときと同じイメージで表示されます。文書をWebページとして保存する前に、イメージを確認する場合に便利です。

 閲覧モード

閲覧モードに切り替えると、すばやくスクロールしたり、文書中の表やワードアート、画像などのオブジェクトを拡大したりできます。

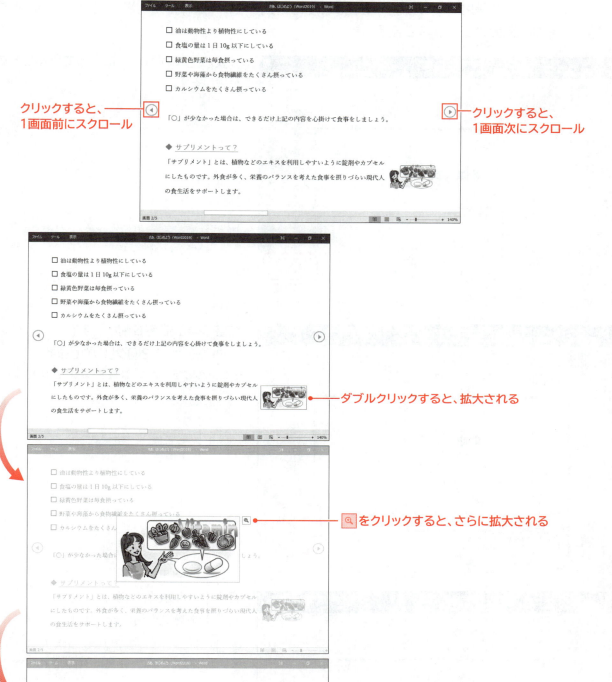

- クリックすると、1画面前にスクロール
- クリックすると、1画面次にスクロール
- ダブルクリックすると、拡大される
- をクリックすると、さらに拡大される
- 空白の領域をクリックすると、もとの表示に戻る

3 表示倍率の変更

画面の表示倍率は10～500％の範囲で自由に変更できます。表示倍率を変更するには、ステータスバーのズームを使うと便利です。
画面の表示倍率を変更しましょう。

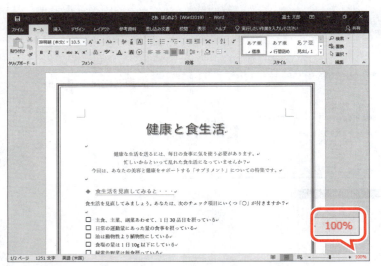

①表示倍率が100％になっていることを確認します。

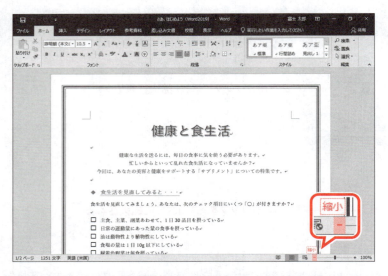

文書の表示倍率を縮小します。
②　(縮小)を2回クリックします。
※クリックするごとに、10％ずつ縮小されます。

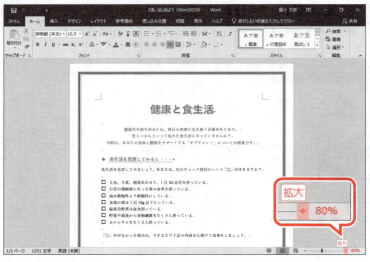

表示倍率が80％になります。
表示倍率を100％に戻します。
③　(拡大)を2回クリックします。
※クリックするごとに、10％ずつ拡大されます。

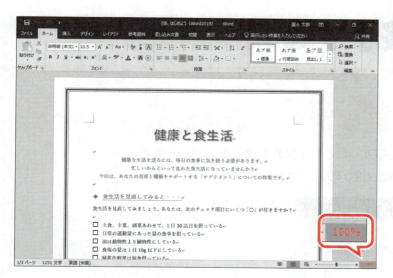

表示倍率が100%になります。

④ 100% をクリックします。

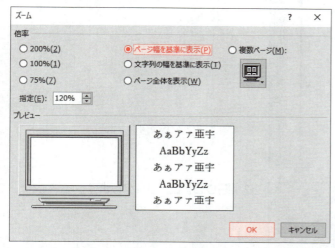

《ズーム》ダイアログボックスが表示されます。

⑤《ページ幅を基準に表示》を◉にします。

⑥《OK》をクリックします。

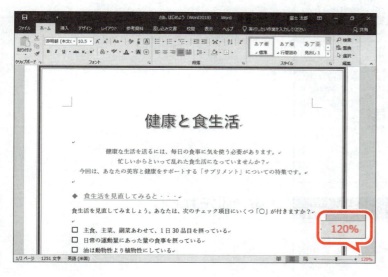

表示倍率が自動的に調整されます。

※お使いの環境によって、表示倍率は異なります。

> **STEP UP** その他の方法（表示倍率の変更）
>
> ◆《表示》タブ→《ズーム》グループの (ズーム)→表示倍率を指定
> ◆ステータスバーの (ズーム)をドラッグ

Step 4 Wordを終了する

1 文書を閉じる

開いている文書の作業を終了することを「**文書を閉じる**」といいます。
文書「さあ、はじめよう（Word2019）」を閉じましょう。

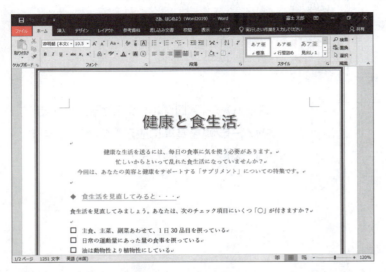

①《ファイル》タブを選択します。

②《閉じる》をクリックします。

文書が閉じられます。

STEP UP その他の方法（文書を閉じる）
◆ [Ctrl] + [W]

STEP UP 文書を変更して保存せずに閉じた場合

文書の内容を変更して保存せずに閉じようとすると、保存するかどうかを確認するメッセージが表示されます。保存する場合は《保存》、保存しない場合は《保存しない》を選択します。

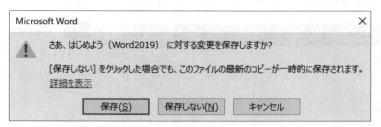

STEP UP 閲覧の再開

文書を閉じたときに表示していた位置は自動的に記憶されます。次に文書を開くと、その位置に移動するかどうかのメッセージが表示されます。メッセージをクリックすると、その位置からすぐに作業を始められます。

※ スクロールするとメッセージは消えます。

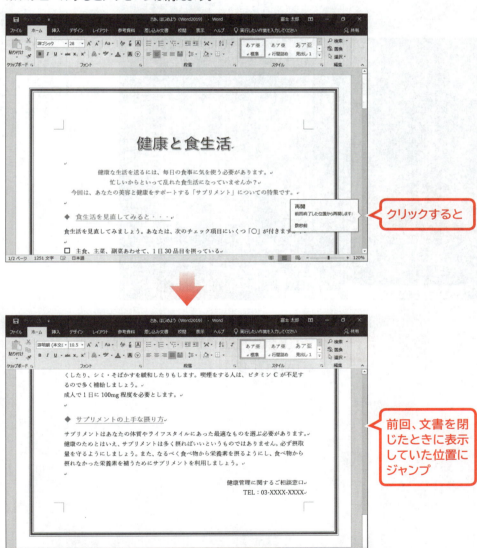

2　Wordの終了

Wordを終了しましょう。

① （閉じる）をクリックします。

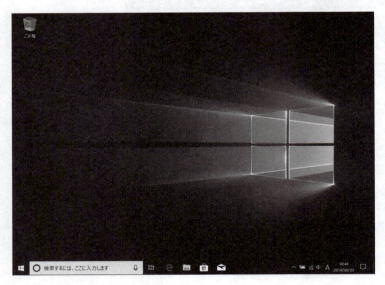

Wordのウィンドウが閉じられ、デスクトップが表示されます。

② タスクバーからWordのアイコンが消えていることを確認します。

STEP UP　その他の方法（Wordの終了）

◆

第2章

文書を作成しよう Word 2019

Check	この章で学ぶこと	25
Step1	作成する文書を確認する	26
Step2	新しい文書を作成する	27
Step3	文章を入力する	29
Step4	文字を削除する・挿入する	34
Step5	文字をコピーする・移動する	36
Step6	文章の体裁を整える	40
Step7	文書を印刷する	47
Step8	文書を保存する	49
練習問題		51

第2章 この章で学ぶこと

学習前に習得すべきポイントを理解しておき、学習後には確実に習得できたかどうかを振り返りましょう。

1	新しい文書を作成できる。	→ P.27
2	作成する文書に合わせてページのレイアウトを設定できる。	→ P.27
3	本日の日付を挿入できる。	→ P.29
4	頭語に合わせた結語を入力できる。	→ P.31
5	季節・安否・感謝のあいさつを挿入できる。	→ P.31
6	文字を削除したり、挿入したりできる。	→ P.34
7	文字をコピーするときの手順を理解し、ほかの場所にコピーできる。	→ P.36
8	文字を移動するときの手順を理解し、ほかの場所に移動できる。	→ P.38
9	文字の配置を変更できる。	→ P.40
10	文字の書体や大きさを変更できる。	→ P.42
11	文字に太字・斜体・下線を設定できる。	→ P.44
12	指定した文字数の幅に合わせて文字を均等に割り付けることができる。	→ P.45
13	段落の先頭に「■」などの行頭文字を付けることができる。	→ P.46
14	印刷イメージを確認し、印刷を実行できる。	→ P.47
15	作成した文書に名前を付けて保存できる。	→ P.49

Step 1 作成する文書を確認する

1 作成する文書の確認

次のような文書を作成しましょう。

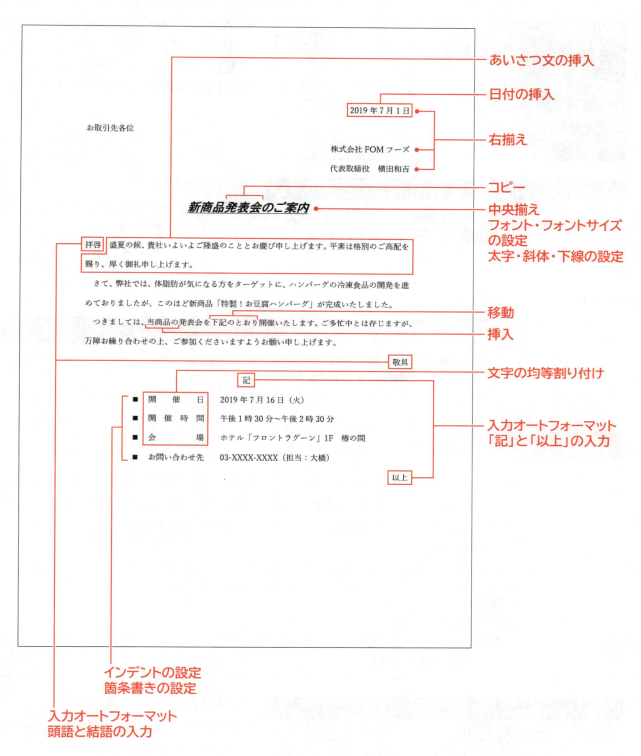

Step 2 新しい文書を作成する

1 文書の新規作成

Wordを起動し、新しい文書を作成しましょう。

①Wordを起動し、Wordのスタート画面を表示します。
※ ⊞(スタート)→《Word》をクリックします。
②《白紙の文書》をクリックします。

新しい文書が開かれます。
③タイトルバーに「**文書1**」と表示されていることを確認します。

> **POINT 文書の新規作成**
>
> Wordを起動した状態で、新しい文書を作成する方法は、次のとおりです。
> ◆《ファイル》タブ→《新規》→《白紙の文書》

2 ページ設定

用紙サイズや印刷の向き、余白、1ページの行数、1行の文字数など、文書のページのレイアウトを設定するには「**ページ設定**」を使います。ページ設定はあとから変更できますが、最初に設定しておくと印刷結果に近い状態が画面に表示されるので、仕上がりをイメージしやすくなります。
次のようにページのレイアウトを設定しましょう。

用紙サイズ	：A4
印刷の向き	：縦
余白	：上 35mm　下左右 30mm
1ページの行数	：25行

①《レイアウト》タブを選択します。
②《ページ設定》グループの 🔲 (ページ設定)をクリックします。

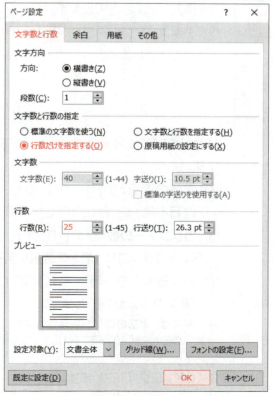

《ページ設定》ダイアログボックスが表示されます。

③《用紙》タブを選択します。

④《用紙サイズ》が《A4》になっていることを確認します。

⑤《余白》タブを選択します。

⑥《印刷の向き》の《縦》をクリックします。

⑦《余白》の《上》を「35mm」、《下》《左》《右》を「30mm」に設定します。

⑧《文字数と行数》タブを選択します。

⑨《行数だけを指定する》を◉にします。

⑩《行数》を「25」に設定します。

⑪《OK》をクリックします。

STEP UP その他の方法（用紙サイズの設定）

◆《レイアウト》タブ→《ページ設定》グループの サイズ （ページサイズの選択）

STEP UP その他の方法（印刷の向きの設定）

◆《レイアウト》タブ→《ページ設定》グループの 印刷の向き （ページの向きを変更）

STEP UP その他の方法（余白の設定）

◆《レイアウト》タブ→《ページ設定》グループの （余白の調整）

28

Step3 文章を入力する

1 編集記号の表示

↵（段落記号）や□（全角空白）などの記号を「**編集記号**」といいます。初期の設定で、↵（段落記号）は表示されていますが、空白などの編集記号は表示されていません。
文章を入力・編集するとき、そのほかの編集記号も表示するように設定すると、空白を入力した位置などをひと目で確認できるので便利です。編集記号は印刷されません。
編集記号を表示しましょう。

①《**ホーム**》タブを選択します。
②《**段落**》グループの ↵ （編集記号の表示/非表示）をクリックします。
※ボタンが濃い灰色になります。

2 日付の挿入

「**日付と時刻**」を使うと、本日の日付を挿入できます。西暦や和暦を選択したり、自動的に日付が更新されるように設定したりできます。
発信日付からタイトルまでの文章を入力しましょう。

※入力を省略する場合は、フォルダー「第2章」の文書「文書を作成しよう」を開き、P.34「Step4 文字を削除する・挿入する」に進みましょう。

①1行目にカーソルがあることを確認します。
②《**挿入**》タブを選択します。
③《**テキスト**》グループの (日付と時刻)をクリックします。

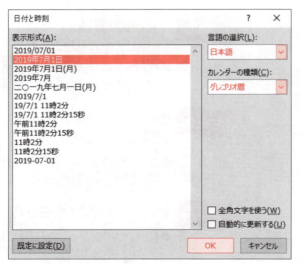

《**日付と時刻**》ダイアログボックスが表示されます。
④《**言語の選択**》の ∨ をクリックし、一覧から《**日本語**》を選択します。
⑤《**カレンダーの種類**》の ∨ をクリックし、一覧から《**グレゴリオ暦**》を選択します。
⑥《**表示形式**》の一覧から《**〇〇〇〇年〇月〇日**》の形式を選択します。
※一覧には、本日の日付が表示されます。ここでは、本日の日付を「2019年7月1日」として実習しています。
⑦《**OK**》をクリックします。

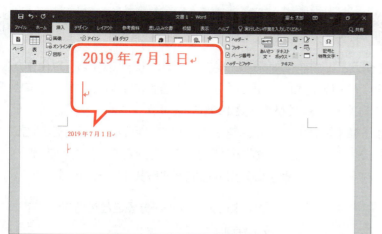

日付が挿入されます。

⑧ Enter を押します。

改行されます。

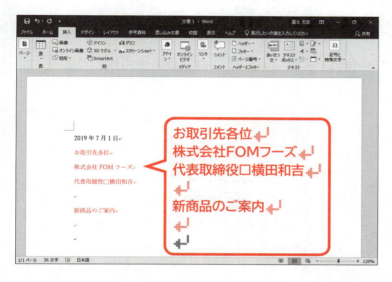

⑨文章を入力します。

※ ↵ で Enter を押して改行します。
※ □は全角空白を表します。

POINT ボタンの形状

ディスプレイの画面解像度や《Word》ウィンドウのサイズなど、お使いの環境によって、ボタンの形状やサイズが異なる場合があります。
ボタンの操作は、ポップヒントに表示されるボタン名を確認してください。

例

ボタン名	画面解像度が低い場合／ウィンドウのサイズが小さい場合	画面解像度が高い場合／ウィンドウのサイズが大きい場合
日付と時刻	📅	📅 日付と時刻
ワードアートの挿入	A▾	A ワードアート▾

STEP UP その他の方法（日付の挿入）

日付の先頭を入力・確定すると、カーソルの上に本日の日付が表示されます。Enter を押すと、本日の日付をカーソルの位置に挿入できます。

```
2019年7月1日 (Enter を押すと挿入します)
         2019 年↵
```

3 頭語と結語の入力

「入力オートフォーマット」を使うと、頭語に対応する結語や「**記**」に対応する「**以上**」が自動的に入力されたり、かっこの組み合わせが正しくなるよう自動的に修正されたりするなど、文字の入力に合わせて自動的に書式が設定されます。

頭語と結語の場合は、「**拝啓**」や「**謹啓**」などの頭語を入力して改行したり空白を入力したりすると、対応する「**敬具**」や「**謹白**」などの結語が自動的に右揃えで入力されます。

入力オートフォーマットを使って、頭語「**拝啓**」に対応する結語「**敬具**」を入力しましょう。

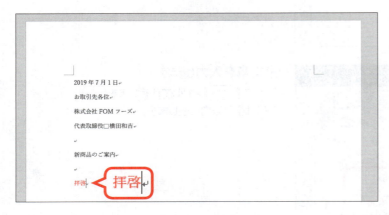

①文末にカーソルがあることを確認します。
②「**拝啓**」と入力します。

改行します。
③ Enter を押します。
「**敬具**」が右揃えで入力されます。

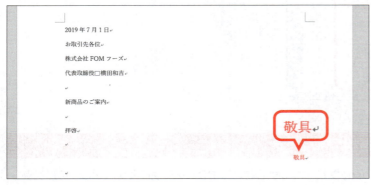

4 あいさつ文の挿入

「あいさつ文の挿入」を使うと、季節のあいさつ・安否のあいさつ・感謝のあいさつを一覧から選択して、簡単に挿入できます。

「**拝啓**」に続けて、7月に適したあいさつ文を挿入しましょう。

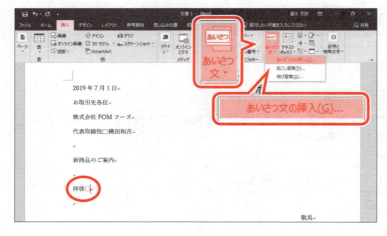

①「**拝啓**」の後ろにカーソルを移動します。
全角空白を入力します。
② [　　　] （スペース）を押します。
③《**挿入**》タブを選択します。
④《**テキスト**》グループの （あいさつ文の挿入）をクリックします。
⑤《**あいさつ文の挿入**》をクリックします。

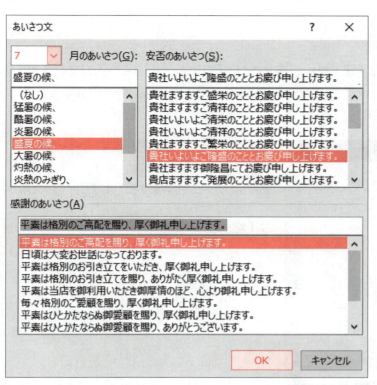

《あいさつ文》ダイアログボックスが表示されます。

⑥《月のあいさつ》の ⌄ をクリックし、一覧から《7》を選択します。

《月のあいさつ》の一覧に7月のあいさつが表示されます。

⑦《月のあいさつ》の一覧から《盛夏の候、》を選択します。

※一覧にない文章は直接入力できます。

⑧《安否のあいさつ》の一覧から《貴社いよいよご隆盛のこととお慶び申し上げます。》を選択します。

⑨《感謝のあいさつ》の一覧から《平素は格別のご高配を賜り、厚く御礼申し上げます。》を選択します。

⑩《OK》をクリックします。

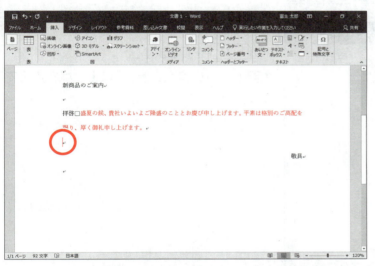

あいさつ文が挿入されます。

⑪「…御礼申し上げます。」の下の行にカーソルを移動します。

⑫文章を入力します。
※□は全角空白を表します。
※ ↵ で Enter を押して改行します。

□さて、弊社では、体脂肪が気になる方をターゲットに、ハンバーグの冷凍食品の開発を進めておりましたが、このほど新商品「特製！お豆腐ハンバーグ」が完成いたしました。↵
□つきましては、下記のとおり発表会を開催いたします。ご多忙中とは存じますが、万障お繰り合わせの上、ふるってご参加くださいますようお願い申し上げます。

5 記書きの入力

「記」と入力して改行すると、「記」が中央揃えされ、「以上」が右揃えで入力されます。
入力オートフォーマットを使って、記書きを入力しましょう。次に、記書きの文章を入力しましょう。

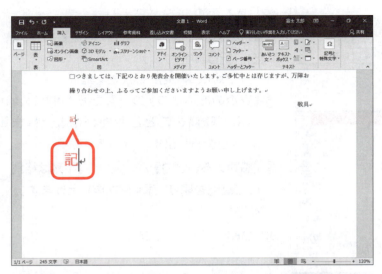

文末にカーソルを移動します。
① Ctrl + End を押します。
※文末にカーソルを移動するには、Ctrl を押しながら End を押します。
②「記」と入力します。

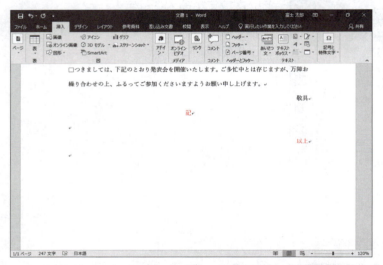

改行します。
③ Enter を押します。
「記」が中央揃えされ、「以上」が右揃えで入力されます。

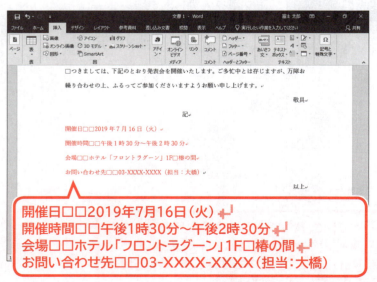

④文章を入力します。
※□は全角空白を表します。
※↵で Enter を押して改行します。
※「～」は「から」と入力して変換します。

開催日□□2019年7月16日（火）↵
開催時間□□午後1時30分～午後2時30分↵
会場□□ホテル「フロントラグーン」1F□椿の間↵
お問い合わせ先□□03-XXXX-XXXX（担当：大橋）

Step 4 文字を削除する・挿入する

1 削除

文字を削除するには、文字を選択して Delete を押します。
「ふるって」を削除しましょう。

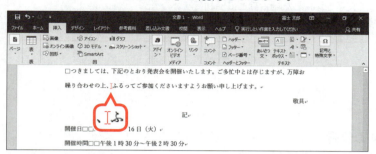

削除する文字を選択します。
①「ふるって」の左側をポイントします。
②マウスポインターの形が I に変わります。

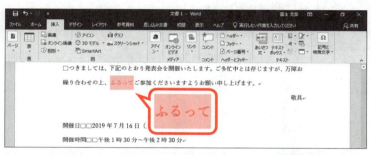

③「ふるって」の右側までドラッグします。
文字が選択されます。

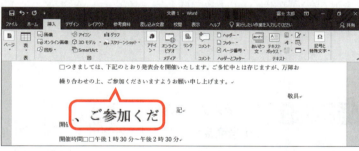

④ Delete を押します。
文字が削除され、後ろの文字が字詰めされます。

STEP UP その他の方法（削除）

◆削除する文字の前にカーソルを移動
→ Delete
◆削除する文字の後ろにカーソルを移動
→ Back Space

POINT 範囲選択

「範囲選択」とは、操作する対象を指定することです。「選択」ともいいます。
コマンドを実行する前に、操作する対象に応じて適切に範囲選択します。

対象	操作
文字（文字列の任意の範囲）	選択する文字をドラッグ
行（1行単位）	マウスポインターの形が ⇗ の状態で、行の左端をクリック
複数行（連続する複数の行）	マウスポインターの形が ⇗ の状態で、行の左端をドラッグ
段落（ Enter で段落を改めた範囲）	マウスポインターの形が ⇗ の状態で、段落の左端をダブルクリック
複数の段落（連続する複数の段落）	マウスポインターの形が ⇗ の状態で、段落の左端をダブルクリックし、そのままドラッグ
複数の範囲（離れた場所にある複数の範囲）	1つ目の範囲を選択、 Ctrl を押しながら、2つ目以降の範囲を選択

POINT 段落

「段落」とは、↵（段落記号）の次の行から次の↵までの範囲のことです。1行の文章でもひとつの段落と認識されます。改行すると、段落を改めることができます。

POINT 元に戻す

クイックアクセスツールバーの ↶（元に戻す）をクリックすると、直前に行った操作を取り消して、もとの状態に戻すことができます。誤って文字を削除した場合などに便利です。
↶（元に戻す）を繰り返しクリックすると、過去の操作が順番に取り消されます。

2 挿入

文字を挿入するには、挿入する位置にカーソルを移動して文字を入力します。
「下記のとおり」の後ろに「当商品の」を挿入しましょう。

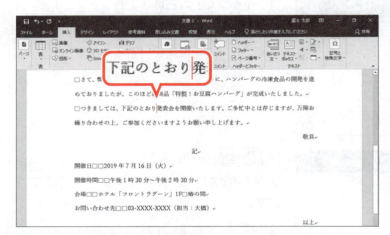

文字を挿入する位置にカーソルを移動します。
①「下記のとおり」の後ろにカーソルを移動します。

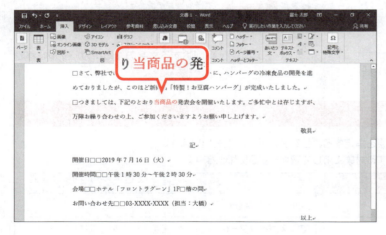

文字を入力します。
②「当商品の」と入力します。
文字が挿入され、後ろの文字が字送りされます。

STEP UP 上書き

文字を選択した状態で新しく文字を入力すると、新しい文字に上書きできます。

POINT 字詰め・字送りの範囲

文字を削除したり挿入したりすると、↵（段落記号）までの段落内で字詰め、字送りされます。

Step 5 文字をコピーする・移動する

1 コピー

「コピー」を使うと、すでに入力されている文字や文章を別の場所で利用できます。何度も同じ文字を入力する場合に、コピーを使うと入力の手間が省けて便利です。
文字をコピーする手順は次のとおりです。

1 コピー元を選択
コピーする範囲を選択します。

2 コピー
（コピー）をクリックすると、選択している範囲が「クリップボード」と呼ばれる領域に一時的に記憶されます。

3 コピー先にカーソルを移動
コピーする開始位置にカーソルを移動します。

4 貼り付け
（貼り付け）をクリックすると、クリップボードに記憶されている内容がカーソルのある位置にコピーされます。

「**発表会**」をタイトルの「**新商品**」の後ろにコピーしましょう。

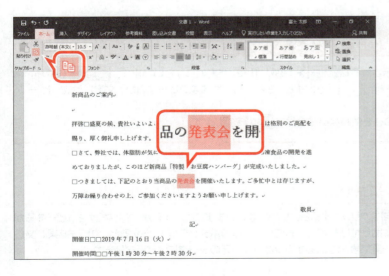

コピー元の文字を選択します。
①「**発表会**」を選択します。
②《**ホーム**》タブを選択します。
③《**クリップボード**》グループの （コピー）をクリックします。

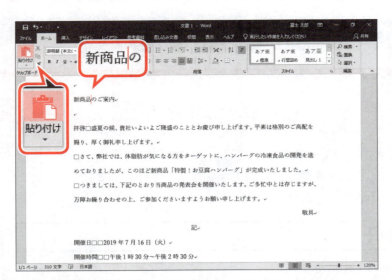

コピー先を指定します。

④「**新商品**」の後ろにカーソルを移動します。

⑤《**クリップボード**》グループの （貼り付け）をクリックします。

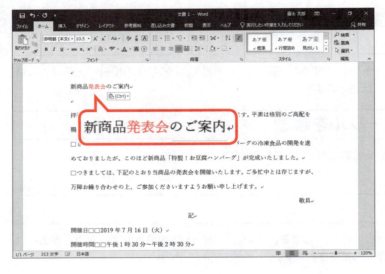

文字がコピーされます。

🚩STEP UP その他の方法（コピー）

◆コピー元を選択→範囲内を右クリック→《コピー》→コピー先を右クリック→《貼り付けのオプション》から選択
◆コピー元を選択→ Ctrl + C →コピー先をクリック→ Ctrl + V
◆コピー元を選択→範囲内をポイントし、マウスポインターの形が に変わったら Ctrl を押しながらコピー先へドラッグ
※ドラッグ中、マウスポインターの形が に変わります。

👉POINT 貼り付けのオプション

貼り付けを実行した直後に表示される (Ctrl)・ を「貼り付けのオプション」といいます。 (Ctrl)・ （貼り付けのオプション）をクリックするか、 Ctrl を押すと、もとの書式のままコピーするか、文字だけをコピーするかなどを選択できます。
 (Ctrl)・ （貼り付けのオプション）を使わない場合は、 Esc を押します。

🚩STEP UP 貼り付けのプレビュー

 （貼り付け）の をクリックすると、もとの書式のままコピーするか、文字だけをコピーするかなどを選択できます。貼り付けを実行する前に、一覧のボタンをポイントすると、コピー結果を文書内で確認できます。一覧に表示されるボタンはコピー元のデータにより異なります。

2 移動

「**移動**」を使うと、すでに入力されている文字や文章を別の場所に移動できます。入力しなおす手間が省けて便利です。

文字を移動する手順は次のとおりです。

1 移動元を選択

移動する範囲を選択します。

2 切り取り

（切り取り）をクリックすると、選択している範囲が「クリップボード」と呼ばれる領域に一時的に記憶されます。

3 移動先にカーソルを移動

移動する開始位置にカーソルを移動します。

4 貼り付け

（貼り付け）をクリックすると、クリップボードに記憶されている内容がカーソルのある位置に移動します。

「**下記のとおり**」を「**開催いたします。**」の前に移動しましょう。

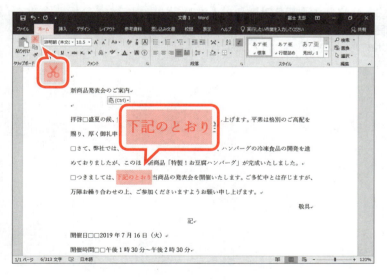

移動元の文字を選択します。

①「**下記のとおり**」を選択します。

②《**ホーム**》タブを選択します。

③《**クリップボード**》グループの（切り取り）をクリックします。

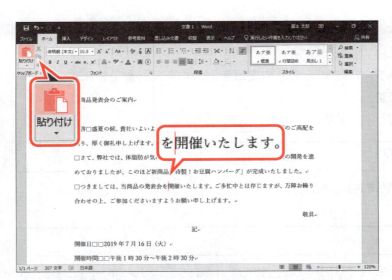

移動先を指定します。

④「**開催いたします。**」の前にカーソルを移動します。

⑤《**クリップボード**》グループの ▫ (貼り付け) をクリックします。

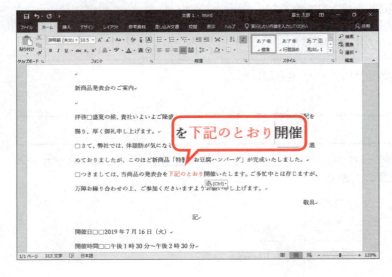

文字が移動します。

> **STEP UP** その他の方法（移動）
>
> ◆移動元を選択→範囲内を右クリック→《切り取り》→移動先を右クリック→《貼り付けのオプション》から選択
> ◆移動元を選択→ Ctrl + X →移動先をクリック→ Ctrl + V
> ◆移動元を選択→範囲内をポイントし、マウスポインターの形が ▫ に変わったら移動先へドラッグ
> ※ドラッグ中、マウスポインターの形が ▫ に変わります。

Step6 文章の体裁を整える

1 中央揃え・右揃え

行内の文字の配置は変更できます。文字を中央に配置するときは ≡（中央揃え）、右端に配置するときは ≡（右揃え）を使います。中央揃えや右揃えは段落単位で設定されます。
タイトルを中央揃え、発信日付と発信者名を右揃えにしましょう。

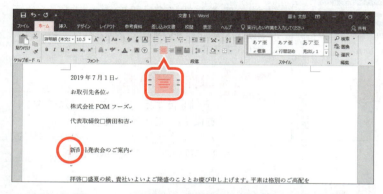

①「**新商品発表会のご案内**」の行にカーソルを移動します。
※段落内であれば、どこでもかまいません。
②《**ホーム**》タブを選択します。
③《**段落**》グループの ≡（中央揃え）をクリックします。

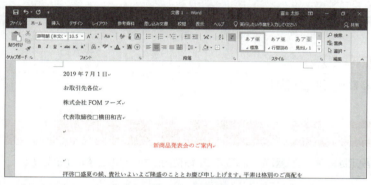

文字が中央揃えで配置されます。
※ボタンが濃い灰色になります。

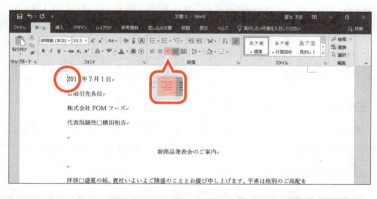

④「**2019年7月1日**」の行にカーソルを移動します。
※段落内であれば、どこでもかまいません。
⑤《**段落**》グループの ≡（右揃え）をクリックします。

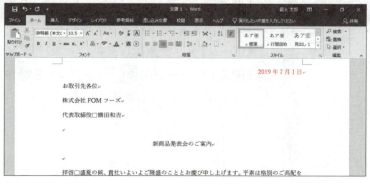

文字が右揃えで配置されます。
※ボタンが濃い灰色になります。

40

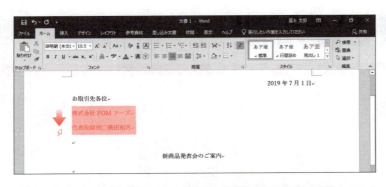

⑥「株式会社FOMフーズ」の行の左端をポイントします。

マウスポインターの形が に変わります。

⑦「代表取締役　横田和吉」の行までドラッグします。

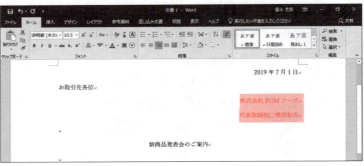

⑧ F4 を押します。

直前の書式が繰り返し設定されます。

※選択した範囲以外の場所をクリックして、選択を解除しておきましょう。

> **STEP UP** 操作の繰り返し
>
> F4 を押すと、直前に実行したコマンドを繰り返すことができます。
> ただし、F4 を押してもコマンドが繰り返し実行できない場合もあります。

> **STEP UP** その他の方法（中央揃え）
>
> ◆段落内にカーソルを移動→ Ctrl + E

> **STEP UP** その他の方法（右揃え）
>
> ◆段落内にカーソルを移動→ Ctrl + R

> **POINT** 段落単位の配置の設定
>
> 右揃えや中央揃えなどの配置の設定は段落単位で設定されるので、段落内にカーソルを移動するだけで設定できます。

2　インデントの変更

段落単位で字下げするには「**左インデント**」を設定します。
（インデントを増やす）を1回クリックするごとに、1文字ずつ字下げされます。逆に、
（インデントを減らす）を1回クリックするごとに、1文字ずつもとの位置に戻ります。
記書きの左インデントを変更しましょう。

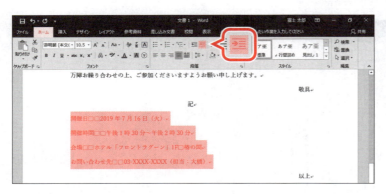

①「開催日…」で始まる行から「**お問い合わせ先…**」で始まる行までを選択します。

②《**ホーム**》タブを選択します。

③《**段落**》グループの　（インデントを増やす）を6回クリックします。

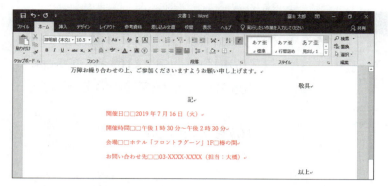

左インデントが変更されます。
※選択を解除しておきましょう。

> **STEP UP** その他の方法（左インデント）
>
> ◆ 段落内にカーソルを移動→《ホーム》タブ→《段落》グループの ▫ （段落の設定）→《インデントと行間隔》タブ→《インデント》の《左》を設定
> ◆ 段落内にカーソルを移動→《レイアウト》タブ→《段落》グループの《インデント》の ≡左: （左インデント）
> ◆ 段落内にカーソルを移動→《レイアウト》タブ→《段落》グループの ▫ （段落の設定）→《インデントと行間隔》タブ→《インデント》の《左》を設定

3　フォント・フォントサイズの設定

文字の書体のことを「**フォント**」といいます。初期の設定は「**游明朝**」です。フォントを変更するには 游明朝(本文(▼)（フォント）を使います。
また、文字の大きさのことを「**フォントサイズ**」といい、「**ポイント（pt）**」という単位で表します。初期の設定は「**10.5**」ポイントです。フォントサイズを変更するには 10.5 ▼ （フォントサイズ）を使います。
タイトル「**新商品発表会のご案内**」に次の書式を設定しましょう。

| フォント　　　　：MSPゴシック |
| フォントサイズ：16ポイント |

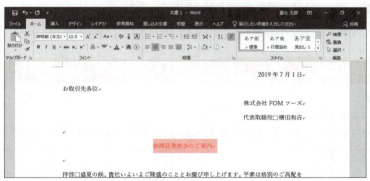

① 「**新商品発表会のご案内**」の行を選択します。
※行の左端をクリックします。

②《**ホーム**》タブを選択します。
③《**フォント**》グループの 游明朝(本文(▼)（フォント）の ▼ をクリックし、《**MSPゴシック**》をポイントします。
設定後のフォントを画面上で確認できます。
④《**MSPゴシック**》をクリックします。

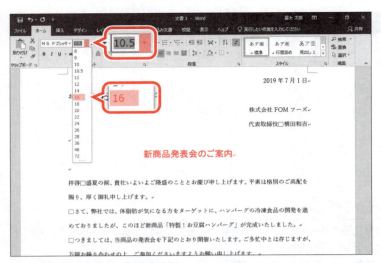

フォントが変更されます。

⑤《フォント》グループの 10.5 （フォントサイズ）の ▼ をクリックし、《16》をポイントします。

設定後のフォントサイズを画面上で確認できます。

⑥《16》をクリックします。

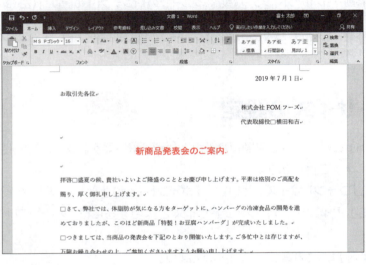

フォントサイズが変更されます。

※選択を解除しておきましょう。

POINT　リアルタイムプレビュー

「リアルタイムプレビュー」とは、一覧の選択肢をポイントして、設定後の結果を確認できる機能です。
設定前に確認できるため、繰り返し設定しなおす手間を省くことができます。

POINT　フォントの色の設定

文字に色を付けて、強調できます。
フォントの色を設定する方法は、次のとおりです。

◆文字を選択→《ホーム》タブ→《フォント》グループの ▲▼ （フォントの色）の ▼ →一覧から選択

STEP UP　ミニツールバー

選択した範囲の近くに表示されるボタンの集まりを「ミニツールバー」といいます。ミニツールバーには、よく使う書式設定に関するボタンが登録されています。マウスをリボンまで動かさずにコマンドを実行できるので、効率的に作業が行えます。
ミニツールバーを使わない場合は、Esc を押します。

4 太字・斜体・下線の設定

文字を太くしたり、斜めに傾けたり、下線を付けたりして強調できます。
タイトル「**新商品発表会のご案内**」に太字・斜体・下線を設定し、強調しましょう。

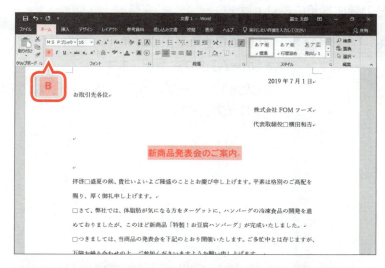

①「**新商品発表会のご案内**」の行を選択します。
②《**ホーム**》タブを選択します。
③《**フォント**》グループの B （太字）をクリックします。

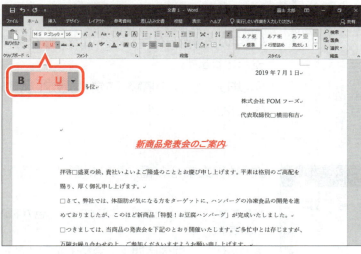

文字が太字になります。
※ボタンが濃い灰色になります。
④《**フォント**》グループの I （斜体）をクリックします。
文字が斜体になります。
※ボタンが濃い灰色になります。
⑤《**フォント**》グループの U （下線）をクリックします。
文字に下線が付きます。
※ボタンが濃い灰色になります。
※選択を解除しておきましょう。

👆 POINT　太字・斜体・下線の解除

太字・斜体・下線を解除するには、解除する範囲を選択して、B （太字）、I （斜体）、U （下線）を再度クリックします。設定が解除されると、ボタンが標準の色に戻ります。

🚩 STEP UP　下線

U （下線）の ▼ をクリックして表示される一覧から、ほかの線の種類や色を選択できます。
線の種類を指定せずに《**下線の色**》を選択すると、選択した色で一重線の下線が付きます。また、線の種類や色を選択して実行したあとに U （下線）をクリックすると、直前に設定した種類と色の下線が付きます。

🚩 STEP UP　囲み線

文字の周りを線で囲んで強調できます。
囲み線を設定する方法は、次のとおりです。
◆文字を選択→《**ホーム**》タブ→《**フォント**》グループの A （囲み線）

5 文字の均等割り付け

文章中の文字に対して、均等割り付けを設定すると、指定した幅で均等に割り付けられます。
また、入力した文字数よりも狭い幅に設定することもできます。
記書きの各項目名を7文字分の幅に均等に割り付けましょう。

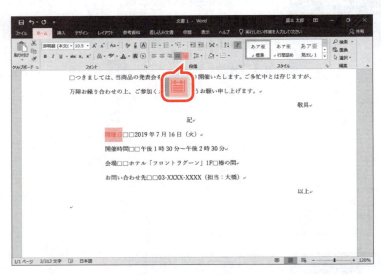

①「開催日」を選択します。
②《ホーム》タブを選択します。
③《段落》グループの ▦ （均等割り付け）を
　クリックします。

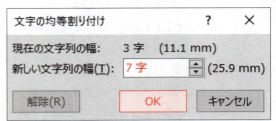

《文字の均等割り付け》ダイアログボックスが
表示されます。
④《新しい文字列の幅》を「7字」に設定します。
⑤《OK》をクリックします。

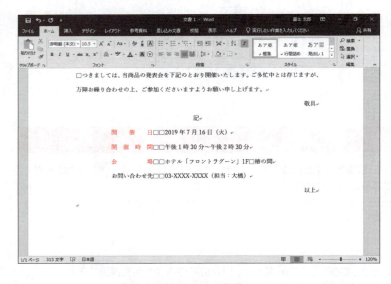

文字が7文字分の幅に均等に割り付けられ
ます。
※均等割り付けされた文字を選択すると、水色の下線
　が表示されます。
⑥同様に、「開催時間」「会場」を7文字分
　の幅に均等に割り付けます。

STEP UP その他の方法（文字の均等割り付け）

◆文字を選択→《ホーム》タブ→《段落》グループの ▦ （拡張書式）→《文字の均等割り付け》

POINT 均等割り付けの解除

設定した均等割り付けを解除する方法は、次のとおりです。
◆文字を選択→《ホーム》タブ→《段落》グループの ▦ （均等割り付け）→《解除》

6 箇条書きの設定

「箇条書き」を使うと、段落の先頭に「●」「■」「◆」などの行頭文字を設定できます。
記書きに「■」の行頭文字を設定しましょう。

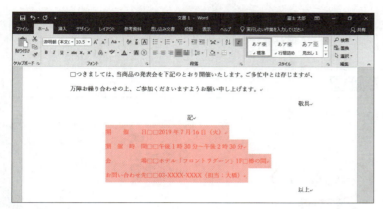

①「開催日…」で始まる行から「お問い合わせ先…」で始まる行までを選択します。

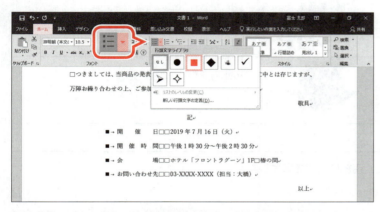

②《ホーム》タブを選択します。
③《段落》グループの ≡▼（箇条書き）の ▼ をクリックします。
④《■》をクリックします。
※一覧の行頭文字をポイントすると、設定後のイメージを確認できます。

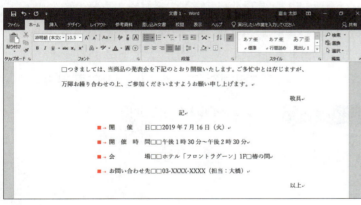

行頭文字が設定されます。
※ボタンが濃い灰色になります。
※選択を解除しておきましょう。

POINT 箇条書きの解除

設定した箇条書きを解除する方法は、次のとおりです。
◆段落を選択→《ホーム》タブ→《段落》グループの ≡（箇条書き）
※ボタンが標準の色に戻ります。

STEP UP 段落番号

「段落番号」を使うと、段落の先頭に「1.2.3.」や「①②③」などの番号を付けることができます。
段落番号を設定する方法は、次のとおりです。
◆段落を選択→《ホーム》タブ→《段落》グループの ≡▼（段落番号）の ▼ →一覧から選択

Step 7 文書を印刷する

1 印刷の手順

作成した文書を印刷する手順は、次のとおりです。

2 印刷イメージの確認

画面で印刷イメージを確認することができます。
印刷の向きや余白のバランスは適当か、レイアウトは整っているかなどを確認します。

①《ファイル》タブを選択します。

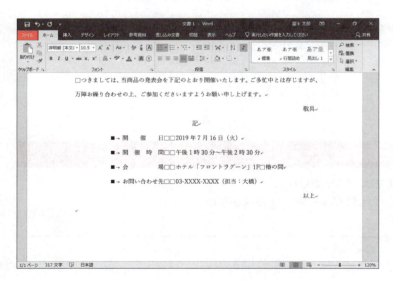

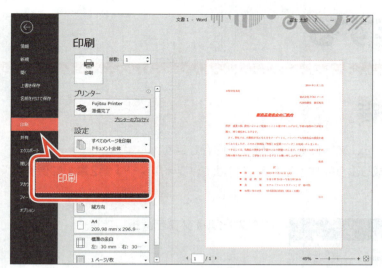

②《印刷》をクリックします。
③印刷イメージを確認します。

3 印刷

文書を1部印刷しましょう。

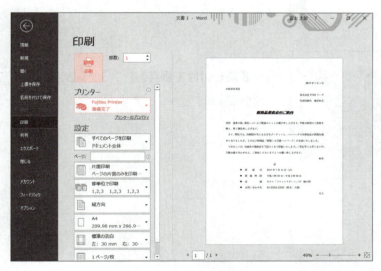

①《部数》が「1」になっていることを確認します。
②《プリンター》に出力するプリンターの名前が表示されていることを確認します。
※表示されていない場合は、▼をクリックし一覧から選択します。
③《印刷》をクリックします。

その他の方法（印刷）

◆ Ctrl + P

Step 8 文書を保存する

1 名前を付けて保存

作成した文書を残しておくには、文書に名前を付けて保存します。
作成した文書に**「文書を作成しよう完成」**と名前を付けて、フォルダー**「第2章」**に保存しましょう。

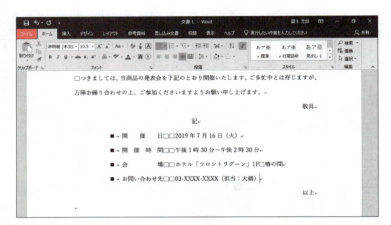

①《**ファイル**》タブを選択します。

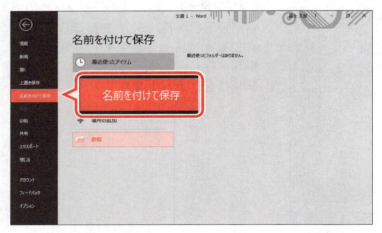

②《**名前を付けて保存**》をクリックします。
③《**参照**》をクリックします。

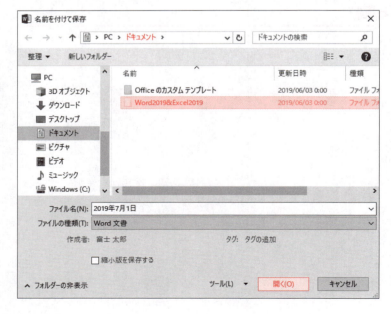

《**名前を付けて保存**》ダイアログボックスが表示されます。
文書を保存する場所を指定します。
④《**ドキュメント**》が開かれていることを確認します。
※《**ドキュメント**》が開かれていない場合は、《**PC**》→《**ドキュメント**》を選択します。
⑤一覧から「**Word2019&Excel2019**」を選択します。
⑥《**開く**》をクリックします。

⑦一覧から「**第2章**」を選択します。
⑧《**開く**》をクリックします。
⑨《**ファイル名**》に「**文書を作成しよう完成**」と入力します。
⑩《**保存**》をクリックします。

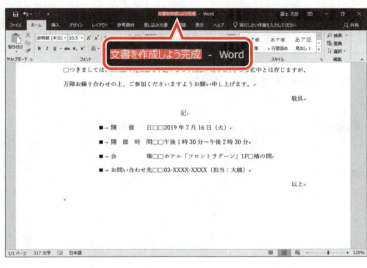

文書が保存されます。
⑪タイトルバーに文書の名前が表示されていることを確認します。
※Wordを終了しておきましょう。

POINT ファイル名

左の半角の記号はファイル名には使えません。ファイル名を指定するときには注意しましょう。

POINT 上書き保存と名前を付けて保存

すでに保存されている文書の内容を一部編集して、編集後の内容だけを保存するには、クイックアクセスツールバーの 🖫 （上書き保存）を使って「上書き保存」します。
文書更新前の状態も更新後の状態も保存するには、「名前を付けて保存」で別の名前を付けて保存します。

STEP UP 文書の自動保存

作成中の文書は、一定の間隔で自動的にコンピューター内に保存されます。
文書を保存せずに閉じてしまった場合、自動的に保存された文書の一覧から復元できます。
保存していない文書を復元する方法は、次のとおりです。

◆《ファイル》タブ→《情報》→《ドキュメントの管理》→《保存されていない文書の回復》→文書を選択→《開く》

※操作のタイミングによって、完全に復元されるとは限りません。

練習問題

解答 ▶ P.2

完成図のような文書を作成しましょう。

※解答は、FOM出版のホームページで提供しています。P.5「5 学習ファイルと解答の提供について」を参照してください。

●完成図

2019年9月17日

お客様各位

株式会社エフ・オー・エム

代表取締役　相田健一

モニター募集のご案内

拝啓　初秋の候、ますます御健勝のこととお慶び申し上げます。平素は格別のご高配を賜り、厚く御礼申し上げます。

さて、弊社にて開発中の製品を使用していただけるモニターを下記のとおり募集いたします。皆様のご応募をお待ちしております。

敬具

記

- ◆ 使用製品　　浄水器「ナチュラルクリリン」
- ◆ 使用期間　　10月28日（月）～11月22日（金）
- ◆ 応募期間　　9月25日（水）～10月10日（木）
- ◆ 応募方法　　担当までお電話でお申し込みください。
- ◆ 応募条件　　ご使用のご感想をレポートにて提出していただける方

以上

担当：開発部　森田

電話番号：03-XXXX-XXXX

① Wordを起動し、新しい文書を作成しましょう。

② 次のようにページのレイアウトを設定しましょう。

```
用紙サイズ    ： A4
印刷の向き    ： 縦
1ページの行数 ： 25行
```

③ 次のように文章を入力しましょう。
※入力を省略する場合は、フォルダー「第2章」の文書「第2章練習問題」を開き、④に進みましょう。

Hint! あいさつ文は、《挿入》タブ→《テキスト》グループの (あいさつ文の挿入)を使って挿入しましょう。

```
2019年9月17日
お客様各位
株式会社エフ・オー・エム
代表取締役□相田健一

モニター募集のご案内

拝啓□初秋の候、ますます御健勝のこととお慶び申し上げます。平素は格別のご高配を賜り、厚く御礼申し上げます。
さて、下記のとおり弊社にて開発中の製品を使用していただけるモニターを募集いたします。ご応募をお待ちしております。
                                                              敬具

                              記
使用製品□□浄水器「ナチュラルクリリン」
使用期間□□10月28日(月)～11月22日(金)
応募期間□□9月25日(水)～10月10日(木)
応募方法□□担当までお電話でお申し込みください。
応募条件□□ご使用のご感想をレポートにて提出していただける方
                                                              以上

担当：開発部□森田
電話番号：03-XXXX-XXXX
```

※ ↵ で Enter を押して改行します。
※ □は全角空白を表します。
※「～」は「から」と入力して変換します。

④ 発信日付「2019年9月17日」と発信者名「**株式会社エフ・オー・エム**」「**代表取締役　相田健一**」、担当者名「**担当：開発部　森田**」と電話番号「**電話番号：03-XXXX-XXXX**」を右揃えにしましょう。

⑤ タイトル「**モニター募集のご案内**」に次の書式を設定しましょう。

```
フォント      ：MSP明朝
フォントサイズ ：20ポイント
太字
斜体
中央揃え
```

⑥ 「**下記のとおり**」を「**モニターを**」の後ろに移動しましょう。

⑦ 「**ご応募をお待ちしております。**」の前に「**皆様の**」を挿入しましょう。

⑧ 「**使用製品…**」で始まる行から「**応募条件…**」で始まる行に6文字分のインデントを設定しましょう。

⑨ 「**使用製品…**」で始まる行から「**応募条件…**」で始まる行に「**◆**」の行頭文字を設定しましょう。

⑩ 印刷イメージを確認し、1部印刷しましょう。

※文書に「第2章練習問題完成」と名前を付けて、フォルダー「第2章」に保存し、閉じておきましょう。

第3章

グラフィック機能を使ってみよう Word 2019

Check	この章で学ぶこと	55
Step1	作成する文書を確認する	56
Step2	ワードアートを挿入する	57
Step3	画像を挿入する	63
Step4	文字の効果を設定する	73
Step5	ページ罫線を設定する	74
練習問題		76

第3章 この章で学ぶこと

学習前に習得すべきポイントを理解しておき、
学習後には確実に習得できたかどうかを振り返りましょう。

1	文書にワードアートを挿入できる。	☑☑☑	→ P.57
2	ワードアートのフォントやフォントサイズを設定できる。	☑☑☑	→ P.59
3	ワードアートの形状を変更できる。	☑☑☑	→ P.61
4	ワードアートを移動できる。	☑☑☑	→ P.62
5	文書に画像を挿入できる。	☑☑☑	→ P.63
6	画像に文字列の折り返しを設定できる。	☑☑☑	→ P.65
7	画像のサイズや位置を調整できる。	☑☑☑	→ P.67
8	画像にアート効果を設定できる。	☑☑☑	→ P.69
9	図のスタイルを適用して、画像のデザインを変更できる。	☑☑☑	→ P.70
10	画像の枠線を変更できる。	☑☑☑	→ P.71
11	影、光彩、反射などの視覚効果を設定して、文字を強調できる。	☑☑☑	→ P.73
12	ページの周囲に絵柄の付いた罫線を設定できる。	☑☑☑	→ P.74

Step 1 作成する文書を確認する

1 作成する文書の確認

次のような文書を作成しましょう。

- ワードアートの挿入
- フォント・フォントサイズの設定
- 形状の変更
- 移動

- 文字の効果の設定

- 画像の挿入
- 文字列の折り返し
- 移動・サイズ変更
- アート効果の設定
- 図のスタイルの適用
- 枠線の変更

- ページ罫線の設定

Step2 ワードアートを挿入する

1 ワードアートの挿入

「ワードアート」を使うと、輪郭を付けたり立体的に見せたりした文字を簡単に挿入できます。

新設講座のご案内

新設講座のご案内

ワードアートを使って、1行目に「**新設講座のご案内**」というタイトルを挿入しましょう。
ワードアートのスタイルは「**塗りつぶし：青、アクセントカラー5；輪郭：白、背景色1；影（ぼかしなし）：青、アクセントカラー5**」にします。
※設定する項目名が一覧にない場合は、任意の項目を選択してください。

File OPEN フォルダー「**第3章**」の文書「**グラフィック機能を使ってみよう**」を開いておきましょう。

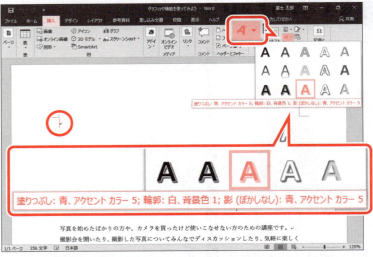

① 1行目にカーソルがあることを確認します。
② 《**挿入**》タブを選択します。
③ 《**テキスト**》グループの　（ワードアートの挿入）をクリックします。
④ 《**塗りつぶし：青、アクセントカラー5；輪郭：白、背景色1；影（ぼかしなし）：青、アクセントカラー5**》をクリックします。

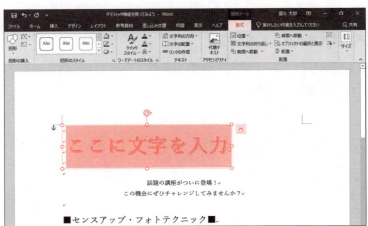

⑤ 「**ここに文字を入力**」が選択されていることを確認します。

ワードアートの右側に　（レイアウトオプション）が表示され、リボンに《**描画ツール**》の《**書式**》タブが表示されます。

第3章 グラフィック機能を使ってみよう　Word 2019

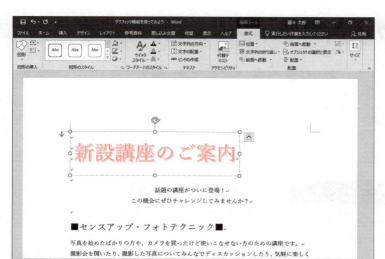

⑥「新設講座のご案内」と入力します。

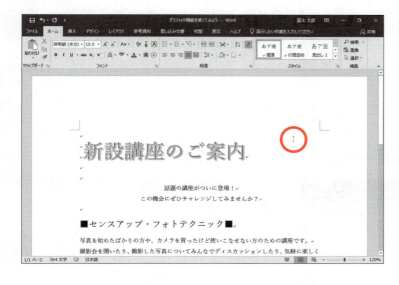

⑦ワードアート以外の場所をクリックします。ワードアートの選択が解除され、ワードアートの文字が確定します。

> **POINT レイアウトオプション**
>
> ワードアートを選択すると、ワードアートの右側に 🔲（レイアウトオプション）が表示されます。
> 🔲（レイアウトオプション）では、ワードアートの周囲にどのように文字を配置するかを設定できます。

> **POINT 《描画ツール》の《書式》タブ**
>
> ワードアートが選択されているとき、リボンに《描画ツール》の《書式》タブが表示され、ワードアートの書式に関するコマンドが使用できる状態になります。

2 ワードアートのフォント・フォントサイズの設定

挿入したワードアートのフォントやフォントサイズは、文字と同様に変更することができます。
ワードアートに次の書式を設定しましょう。

```
フォント      ：MSP明朝
フォントサイズ ：48ポイント
```

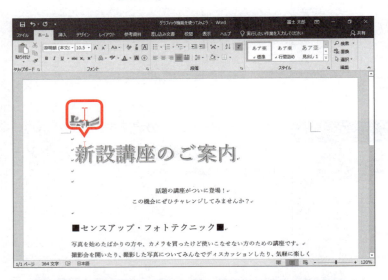

ワードアートを選択します。
①ワードアートの文字上をクリックします。

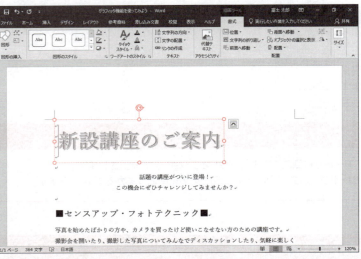

ワードアートが点線で囲まれ、○（ハンドル）が表示されます。

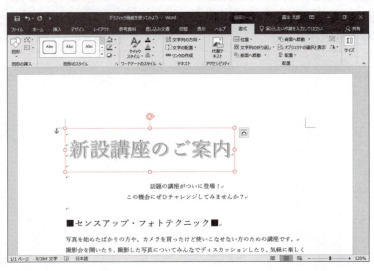

②点線上をクリックします。
ワードアートが選択されます。
ワードアートの周囲の枠線が、点線から実線に変わります。

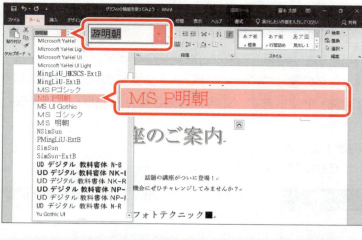

③《ホーム》タブを選択します。

④《フォント》グループの 游明朝（本文 （フォント）の をクリックし、一覧から《MSP明朝》を選択します。

※一覧のフォントをポイントすると、設定後のイメージを確認できます。

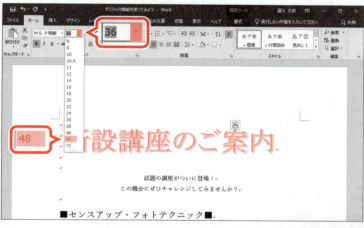

ワードアートのフォントが変更されます。

⑤《フォント》グループの 36 （フォントサイズ）の をクリックし、一覧から《48》を選択します。

※一覧のフォントサイズをポイントすると、設定後のイメージを確認できます。

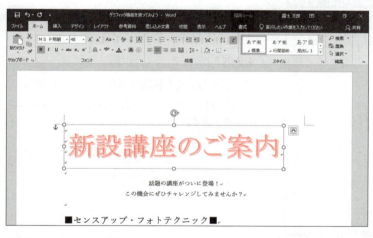

ワードアートのフォントサイズが変更されます。

POINT ワードアートの枠線

ワードアート上をクリックすると、カーソルが表示され、ワードアートが点線（-----------）で囲まれます。この状態のとき、文字を編集したり文字の一部の書式を設定したりできます。

ワードアートの枠線上をクリックすると、ワードアート全体が選択され、ワードアートが実線（―――）で囲まれます。この状態のとき、ワードアート内のすべての文字に書式を設定できます。

●ワードアート内にカーソルがある状態

●ワードアート全体が選択されている状態

3 ワードアートの形状の変更

ワードアートを挿入したあと、文字の色や輪郭、効果などを変更できます。

文字の色を変更するには ![A] （文字の塗りつぶし）を使います。文字の輪郭の色や太さを変更するには ![A] （文字の輪郭）を使います。文字を回転させたり変形したりするには、![A] （文字の効果）を使います。

ワードアートの形状を「**波：下向き**」に変更しましょう。

※設定する項目名が一覧にない場合は、任意の項目を選択してください。

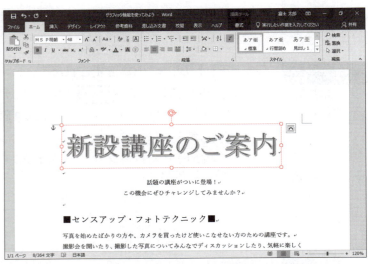

①ワードアートが選択されていることを確認します。

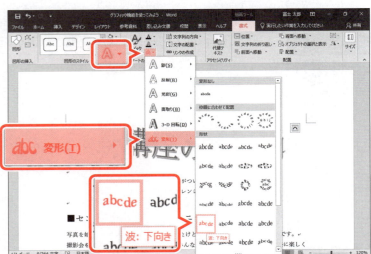

②《**書式**》タブを選択します。
③《**ワードアートのスタイル**》グループの ![A] （文字の効果）をクリックします。
④《**変形**》をポイントします。
⑤《**形状**》の《**波：下向き**》をクリックします。

※一覧の形状をポイントすると、設定後のイメージを確認できます。

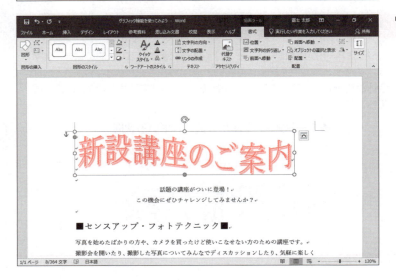

ワードアートの形状が変更されます。

4 ワードアートの移動

ワードアートを移動するには、ワードアートの周囲の枠線をドラッグします。

ワードアートを移動すると、本文と余白の境界や、本文の中央などに緑色の線が表示されることがあります。この線を**「配置ガイド」**といいます。ワードアートを本文の左右や中央にそろえて配置するときなどに目安として利用できます。

ワードアートを移動し、配置ガイドを使って本文の中央に配置しましょう。

①ワードアートが選択されていることを確認します。
②ワードアートの枠線をポイントします。
マウスポインターの形が に変わります。

③図のように、右にドラッグします。
ドラッグ中、マウスポインターの形が に変わり、ドラッグしている位置によって配置ガイドが表示されます。
④本文の中央に配置ガイドが表示されている状態でドラッグを終了します。

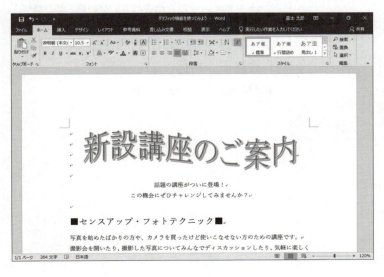

ワードアートが移動し、本文の中央に配置されます。
※選択を解除しておきましょう。

Step3 画像を挿入する

1 画像の挿入

「**画像**」とは、写真やイラストをデジタル化したデータのことです。デジタルカメラで撮影したりスキャナで取り込んだりした画像をWordの文書に挿入できます。Wordでは画像のことを「**図**」ともいいます。

写真には、文書にリアリティを持たせるという効果があります。また、イラストには、文書のアクセントになったり、文書全体の雰囲気を作ったりする効果があります。

「■センスアップ・フォトテクニック■」の下の行に、フォルダー「**第3章**」の画像「**チョウ**」を挿入しましょう。

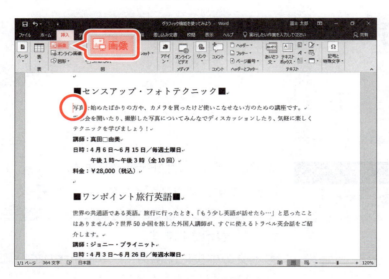

①「■**センスアップ・フォトテクニック**■」の下の行にカーソルを移動します。
②《**挿入**》タブを選択します。
③《**図**》グループの ![画像] (ファイルから)をクリックします。

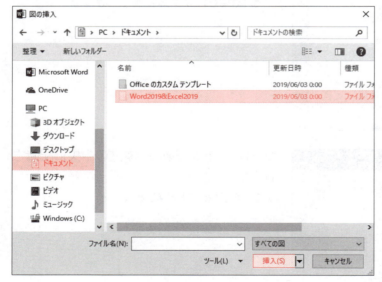

《**図の挿入**》ダイアログボックスが表示されます。
画像ファイルが保存されている場所を選択します。
④左側の一覧から《**ドキュメント**》を選択します。
※《ドキュメント》が表示されていない場合は、《PC》をダブルクリックします。
⑤一覧から「**Word2019&Excel2019**」を選択します。
⑥《**挿入**》をクリックします。

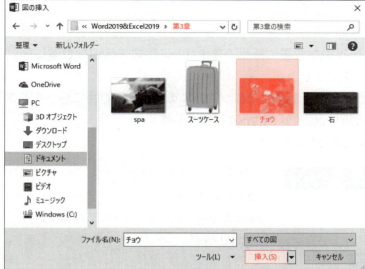

⑦一覧から「**第3章**」を選択します。
⑧《**挿入**》をクリックします。
挿入する画像ファイルを選択します。
⑨一覧から「**チョウ**」を選択します。
⑩《**挿入**》をクリックします。

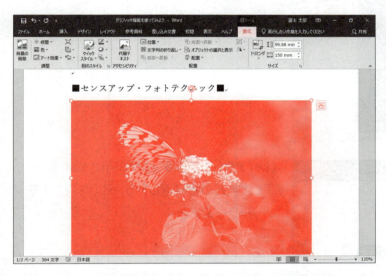

画像が挿入されます。
画像の右側に(レイアウトオプション)が表示され、リボンに《**図ツール**》の《**書式**》タブが表示されます。
⑪画像の周囲に〇(ハンドル)が表示され、画像が選択されていることを確認します。

⑫画像以外の場所をクリックします。
画像の選択が解除されます。

👆POINT 《図ツール》の《書式》タブ

画像が選択されているとき、リボンに《図ツール》の《書式》タブが表示され、画像の書式に関するコマンドが使用できる状態になります。

2 文字列の折り返し

画像を挿入した直後は、画像を自由な位置に移動できません。画像を自由な位置に移動するには、「**文字列の折り返し**」を設定します。

初期の設定では、文字列の折り返しは「**行内**」になっています。画像の周囲に沿って本文を周り込ませるには、文字列の折り返しを「**四角形**」に設定します。

文字列の折り返しを「**四角形**」に設定しましょう。

①画像をクリックします。
画像が選択されます。
※画像の周囲に○（ハンドル）が表示されます。
②■（レイアウトオプション）をクリックします。

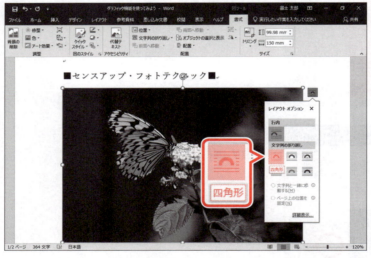

《レイアウトオプション》が表示されます。
③《文字列の折り返し》の■（四角形）をクリックします。

④《レイアウトオプション》の×（閉じる）をクリックします。

《レイアウトオプション》が閉じられます。
文字列の折り返しが四角形に変更されます。

STEP UP その他の方法（文字列の折り返し）

◆画像を選択→《書式》タブ→《配置》グループの 文字列の折り返し （文字列の折り返し）

STEP UP 文字列の折り返し

文字列の折り返しには、次のようなものがあります。

●行内

文字と同じ扱いで画像が挿入されます。
1行の中に文字と画像が配置されます。

●四角形　　　　●狭く　　　　●内部

文字が画像の周囲に周り込んで配置されます。

●上下

文字が行単位で画像を避けて配置されます。

●背面　　　　●前面

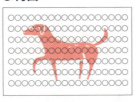 

文字と画像が重なって配置されます。

3 画像のサイズ変更と移動

画像を挿入したあと、文書に合わせて画像のサイズを変更したり、移動したりできます。
画像をサイズ変更したり、移動したりするときにも、配置ガイドが表示されます。配置ガイドに合わせてサイズ変更したり、移動したりすると、すばやく目的の位置に配置できます。

1 画像のサイズ変更

画像のサイズを変更するには、画像を選択し、周囲に表示される〇（ハンドル）をドラッグします。
画像のサイズを縮小しましょう。

①画像が選択されていることを確認します。
②右下の〇（ハンドル）をポイントします。
マウスポインターの形が に変わります。

③図のように、左上にドラッグします。
ドラッグ中、マウスポインターの形が＋に変わります。
※画像のサイズ変更に合わせて、文字が周り込みます。

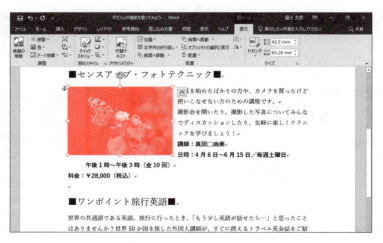

画像のサイズが変更されます。

2 画像の移動

文字列の折り返しを「**行内**」から「**四角形**」に変更すると、画像を自由な位置に移動できるようになります。画像を移動するには、画像をドラッグします。
画像を移動し、配置ガイドを使って本文の右側に配置しましょう。

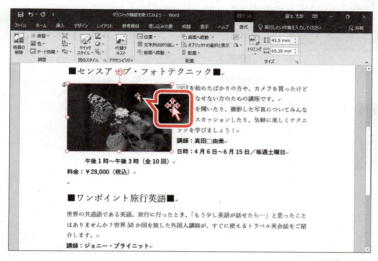

①画像が選択されていることを確認します。
②画像をポイントします。
マウスポインターの形が に変わります。

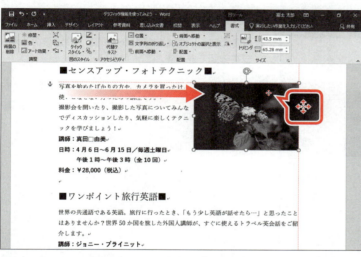

③図のように、移動先までドラッグします。
ドラッグ中、マウスポインターの形が に変わり、ドラッグしている位置によって配置ガイドが表示されます。
※画像の移動に合わせて、文字が周り込みます。
④本文の右側に配置ガイドが表示されている状態でドラッグを終了します。

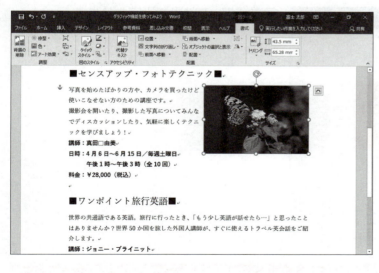

画像が移動し、本文の右側に配置されます。

4 アート効果の設定

「アート効果」を使うと、画像に「**鉛筆：スケッチ**」「**線画**」「**マーカー**」などの特殊効果を加えることができます。
画像にアート効果「**ペイント：描線**」を設定しましょう。

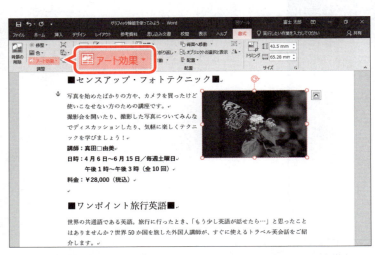

①画像が選択されていることを確認します。
②《書式》タブを選択します。
③《調整》グループの アート効果 （アート効果）をクリックします。

④《ペイント：描線》をクリックします。
※一覧のアート効果をポイントすると、設定後のイメージを確認できます。

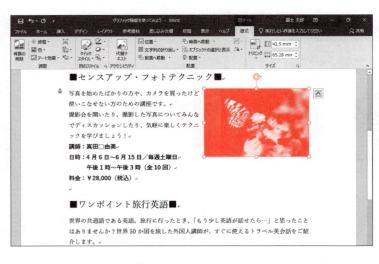

画像にアート効果が設定されます。

POINT　画像の明るさやコントラストの調整

画像の明るさやコントラストなどを調整する方法は、次のとおりです。
◆画像を選択→《書式》タブ→《調整》グループの 修整 （修整）→一覧から選択

POINT 画像の色の変更

画像の色の彩度やトーン、色味を変更できます。
画像の色を変更する方法は、次のとおりです。
◆画像を選択→《書式》タブ→《調整》グループの ■色▼ (色)→一覧から選択

STEP UP 図のリセット

「図のリセット」を使うと、画像の枠線や効果などの設定を解除し、挿入した直後の状態に戻すことができます。
図をリセットする方法は、次のとおりです。
◆画像を選択→《書式》タブ→《調整》グループの ■ (図のリセット)

5 図のスタイルの適用

「**図のスタイル**」は、画像の枠線や効果などをまとめて設定した書式の組み合わせのことです。あらかじめ用意されている一覧から選択するだけで、簡単に画像の見栄えを整えることができます。影や光彩を付けて立体的に表示したり、画像にフレームを付けて装飾したりできます。
画像にスタイル「**回転、白**」を適用しましょう。
※設定する項目名が一覧にない場合は、任意の項目を選択してください。

①画像が選択されていることを確認します。
②《**書式**》タブを選択します。
③《**図のスタイル**》グループの ■ (画像のスタイル)をクリックします。

④《**回転、白**》をクリックします。
※一覧のスタイルをポイントすると、設定後のイメージを確認できます。

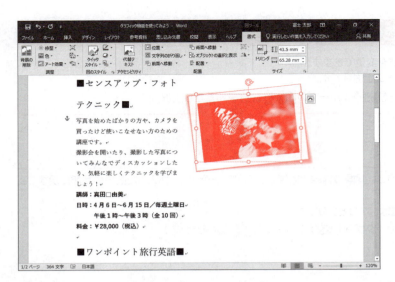

図のスタイルが適用されます。

6 画像の枠線の変更

画像に付けた枠線の色や太さを変更するには、 を使います。

画像の枠線の太さを「4.5pt」に変更しましょう。

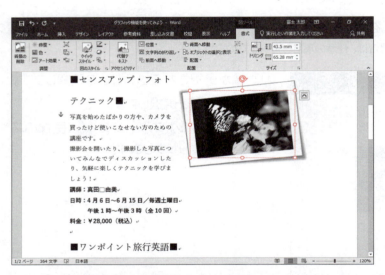

①画像が選択されていることを確認します。

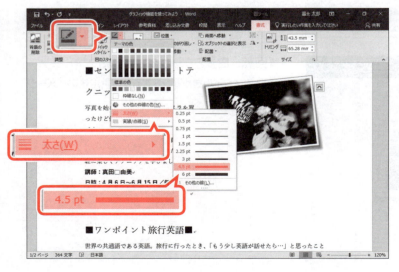

②《書式》タブを選択します。

③《図のスタイル》グループの の ![▼] をクリックします。

④《太さ》をポイントします。

⑤《4.5pt》をクリックします。

※一覧の太さをポイントすると、設定後のイメージを確認できます。

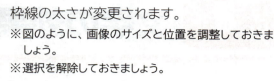

枠線の太さが変更されます。

※図のように、画像のサイズと位置を調整しておきましょう。
※選択を解除しておきましょう。

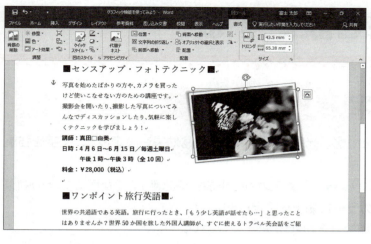

Let's Try ためしてみよう

次のように画像を挿入しましょう。

①「■ワンポイント旅行英語■」の下の行に、フォルダー「第3章」の画像「スーツケース」を挿入しましょう。
②図を参考に、画像のサイズを調整しましょう。
③文字列の折り返しを「四角形」に設定しましょう。
④画像を移動し、配置ガイドを使って本文の右側に配置しましょう。

Let's Try Answer

①
①「■ワンポイント旅行英語■」の下の行にカーソルを移動
②《挿入》タブを選択
③《図》グループの 画像 （ファイルから）をクリック
④《PC》の《ドキュメント》をクリック
⑤一覧から「Word2019&Excel2019」を選択
⑥《挿入》をクリック
⑦一覧から「第3章」を選択
⑧《挿入》をクリック
⑨一覧から「スーツケース」を選択
⑩《挿入》をクリック

②
①画像を選択
②画像の右下の○（ハンドル）をドラッグし、サイズを調整

③
①画像を選択
②（レイアウトオプション）をクリック
③《文字列の折り返し》の（四角形）をクリック
④《レイアウトオプション》の × （閉じる）をクリック

④
①画像を本文の右側に配置ガイドが表示される場所までドラッグ

Step4 文字の効果を設定する

1 文字の効果の設定

「文字の効果と体裁」を使うと、影、光彩、反射などの視覚効果を設定して、文字を強調できます。
「■センスアップ・フォトテクニック■」「■ワンポイント旅行英語■」の2か所に文字の効果「塗りつぶし：青、アクセントカラー1；影」を設定しましょう。

※設定する項目名が一覧にない場合は、任意の項目を選択してください。

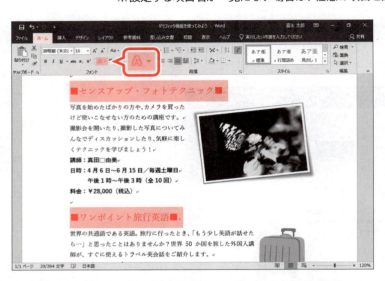

①「■センスアップ・フォトテクニック■」の行を選択します。
②Ctrlを押しながら、「■ワンポイント旅行英語■」の行を選択します。
③《ホーム》タブを選択します。
④《フォント》グループの（文字の効果と体裁）をクリックします。

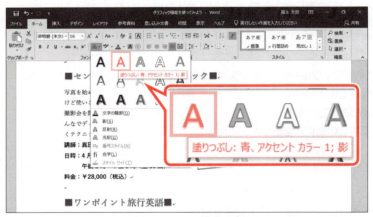

⑤《塗りつぶし：青、アクセントカラー1；影》をクリックします。
※一覧の効果をポイントすると、設定後のイメージを確認できます。

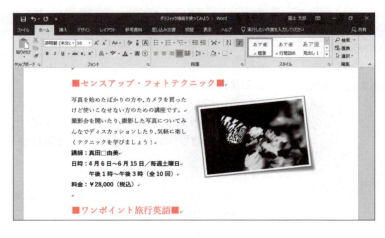

文字の効果が設定されます。
※選択を解除しておきましょう。

Step 5 ページ罫線を設定する

1 ページ罫線の設定

「ページ罫線」を使うと、用紙の周囲に罫線を引いて、ページ全体を飾ることができます。
ページ罫線には、線の種類や絵柄が豊富に用意されています。
次のようなページ罫線を設定しましょう。

```
絵柄   ：▣▣▣▣▣
色     ：濃い赤
線の太さ：15pt
```

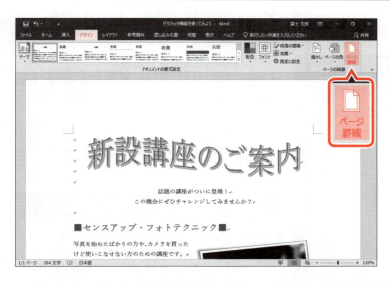

①《デザイン》タブを選択します。
②《ページの背景》グループの（罫線と網掛け）をクリックします。

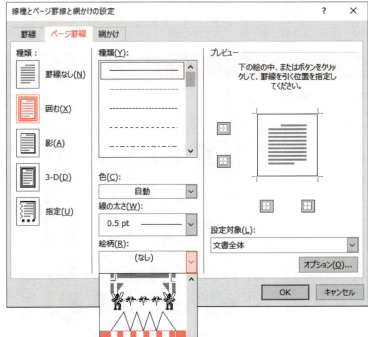

《線種とページ罫線と網かけの設定》ダイアログボックスが表示されます。

③《ページ罫線》タブを選択します。
④左側の《種類》の《囲む》をクリックします。
⑤《絵柄》の をクリックし、一覧から《▣▣▣▣▣》を選択します。

※一覧に表示されていない場合は、スクロールして調整します。

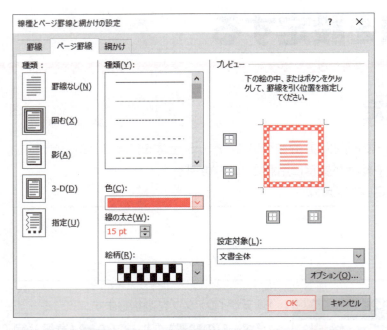

⑥《色》の▼をクリックし、一覧から《標準の色》の《濃い赤》を選択します。

⑦《線の太さ》を「15pt」に設定します。

⑧設定した内容を《プレビュー》で確認します。

⑨《OK》をクリックします。

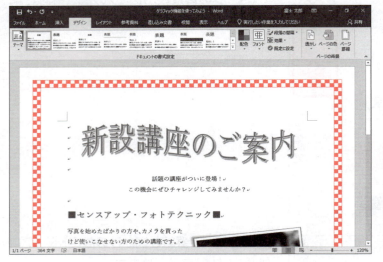

ページ罫線が設定されます。

※文書に「グラフィック機能を使ってみよう完成」と名前を付けて、フォルダー「第3章」に保存し、閉じておきましょう。

POINT ページ罫線の解除

ページ罫線を解除する方法は、次のとおりです。

◆《デザイン》タブ→《ページの背景》グループの （罫線と網掛け）→《ページ罫線》タブ→左側の《種類》の《罫線なし》

POINT テーマの適用

「テーマ」とは、文書全体の配色やフォント、段落や行間の間隔などを組み合わせて登録したものです。テーマを適用すると、文書全体のデザインが一括して変更され、統一感のある文書を作成できます。
テーマを適用する方法は、次のとおりです。

◆《デザイン》タブ→《ドキュメントの書式設定》グループの ■（テーマ）

練習問題

解答 ▶ P.3

完成図のような文書を作成しましょう。
※設定する項目名が一覧にない場合は、任意の項目を選択してください。

フォルダー「第3章」の文書「第3章練習問題」を開いておきましょう。

●完成図

ストーン・スパ「エフオーエム」がついにOPEN！

◆◇◆◇◆◇◆◇◆◇◆◇◆ MENU ◆◇◆◇◆◇◆◇◆◇◆◇◆

■岩盤浴

ハワイ島・キラウェア火山の溶岩石をぜいたくに使用した岩盤浴です。遠赤外線とマイナスイオン効果により芯から身体を温めて代謝を活発にします。
1時間　¥4,000-（税込）

■アロマトリートメント

カウンセリングをもとに、ひとりひとりの体質に合わせて調合したオリジナルのアロマオイルで、全身を丁寧にトリートメントします。
1時間　¥8,000-（税込）

■岩盤浴セットコース

岩盤浴で多量の汗と一緒に体内の老廃物や毒素を排出したあと、肩と背中を重点的にトリートメントします。
1時間30分　¥10,000-（税込）

Stone Spa FOM

営　業　時　間：午前11時～午後11時（最終受付午後9時）
住　　　　所：東京都新宿区神楽坂3-X-X
電　話　番　号：0120-XXX-XXX
メールアドレス：customer@XX.XX

① ワードアートを使って、1行目に「Stone Spa FOM」というタイトルを挿入しましょう。ワードアートのスタイルは「**塗りつぶし（グラデーション）：ゴールド、アクセントカラー4；輪郭：ゴールド、アクセントカラー4**」にします。

② ワードアートのフォントサイズを「**72**」ポイントに変更しましょう。

③ 完成図を参考に、ワードアートの位置とサイズを変更しましょう。

④ 「ストーン・スパ「エフオーエム」がついにOPEN！」の上の行にフォルダー「**第3章**」の画像「**石**」を挿入しましょう。

⑤ 画像の文字列の折り返しを「**背面**」に設定しましょう。

⑥ 完成図を参考に、画像の位置とサイズを変更しましょう。

⑦ 「■岩盤浴」「■アロマトリートメント」「■岩盤浴セットコース」に文字の効果「**塗りつぶし：オレンジ、アクセントカラー2；輪郭：オレンジ、アクセントカラー2**」を設定しましょう。

⑧ 「■アロマトリートメント」の下の行にフォルダー「**第3章**」の画像「**ｓｐａ**」を挿入しましょう。

⑨ ⑧で挿入した画像の文字列の折り返しを「**四角形**」に設定しましょう。

⑩ ⑧で挿入した画像にスタイル「**対角を丸めた四角形、白**」を適用しましょう。

⑪ ⑧で挿入した画像の枠線の太さを「**3pt**」に変更しましょう。

⑫ 完成図を参考に、⑧で挿入した画像のサイズと位置を変更しましょう。

※文書に「第3章練習問題完成」と名前を付けて、フォルダー「第3章」に保存し、閉じておきましょう。

第4章

表のある文書を作成しよう
Word 2019

Check	この章で学ぶこと	79
Step1	作成する文書を確認する	80
Step2	表を作成する	81
Step3	表のレイアウトを変更する	83
Step4	表に書式を設定する	90
Step5	段落罫線を設定する	96
練習問題		98

第4章 この章で学ぶこと

学習前に習得すべきポイントを理解しておき、学習後には確実に習得できたかどうかを振り返りましょう。

1	表を作成できる。	→P.81
2	表内に文字を入力できる。	→P.82
3	表に行を挿入できる。	→P.83
4	表全体のサイズを変更できる。	→P.84
5	表の列の幅を変更できる。	→P.86
6	列内の最長データに合わせて列の幅を変更できる。	→P.87
7	隣り合った複数のセルをひとつのセルに結合できる。	→P.88
8	セル内の文字の配置を変更できる。	→P.90
9	表の配置を変更できる。	→P.92
10	セルに色を塗って強調できる。	→P.93
11	罫線の種類と太さを変更できる。	→P.94
12	段落罫線を設定し、文書内に区切り線を入れることができる。	→P.96

Step 1 作成する文書を確認する

1 作成する文書の確認

次のような文書を作成しましょう。

No.ABC-015
2019年10月1日

様

人事部教育課長

中堅社員スキルアップ研修のお知らせ

入社12～15年目の社員を対象に、下記のとおりスキルアップ研修を実施します。この研修では、中堅社員の立場と役割を再確認し、今後の業務をより円滑に遂行するためのスキルを習得します。
つきましては、出欠確認票に必要事項を記入し、10月15日（火）までに担当者までご回答ください。

記

開 催 日：2019年10月29日（火）
開催時間：午前9時～午後5時
場　　所：本社　大会議室

以上

担当：金井
内線：4377-XXXX
FAX：4377-XXXX

──────────── 段落罫線の設定

人事部教育課　金井行き

出欠確認票

申込者	部署	
	氏名	
	社員ID	
	内線番号	
出欠	出席　欠席　（どちらかに○印を付けてください）	
欠席理由		

- セルの結合
- 列の幅の変更
- セルの塗りつぶしの設定
- 行の挿入
- 表の作成
- 表のサイズ変更
- セル内の配置の変更
- 表の配置の変更
- 罫線の種類と太さの変更

80

Step 2 表を作成する

1 表の作成

表は罫線で囲まれた**「行」**と**「列」**で構成されます。また、罫線で囲まれたひとつのマス目を**「セル」**といいます。

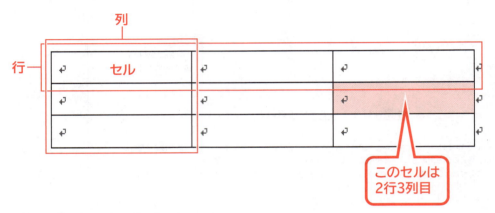

文末に5行3列の表を作成しましょう。

📂**File OPEN** フォルダー「第4章」の文書「表のある文書を作成しよう」を開いておきましょう。

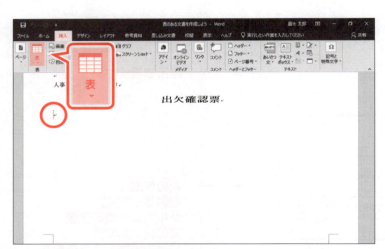

文末にカーソルを移動します。
① Ctrl + End を押します。
②《挿入》タブを選択します。
③《表》グループの ▦ （表の追加）をクリックします。

マス目が表示されます。
行数（5行）と列数（3列）を指定します。
④下に5マス分、右に3マス分の位置をポイントします。
⑤表のマス目の上に**「表（5行×3列）」**と表示されていることを確認し、クリックします。

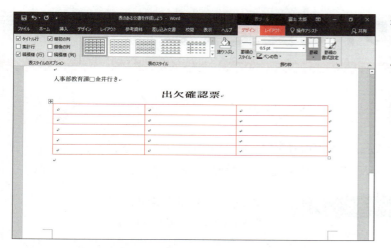

表が作成されます。
リボンに《表ツール》の《デザイン》タブと《レイアウト》タブが表示されます。

> **STEP UP** その他の方法（表の作成）
> ◆《挿入》タブ→《表》グループの ■（表の追加）→《表の挿入》→列数と行数を指定
> ◆《挿入》タブ→《表》グループの ■（表の追加）→《罫線を引く》
> ◆《挿入》タブ→《表》グループの ■（表の追加）→《クイック表作成》

> **POINT** 《表ツール》の《デザイン》タブと《レイアウト》タブ
> 表内にカーソルがあるとき、リボンに《表ツール》の《デザイン》タブと《レイアウト》タブが表示され、表に関するコマンドが使用できる状態になります。

2 文字の入力

作成した表に文字を入力しましょう。

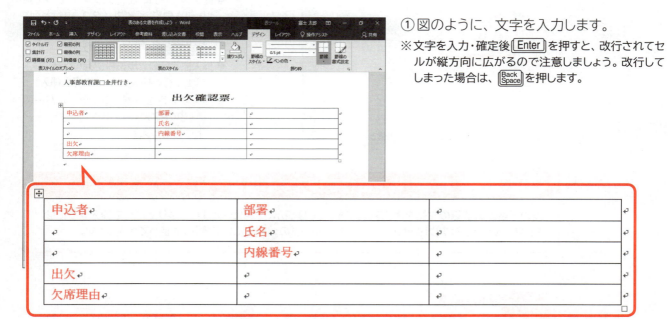

①図のように、文字を入力します。
※文字を入力・確定後 Enter を押すと、改行されてセルが縦方向に広がるので注意しましょう。改行してしまった場合は、Back Space を押します。

82

Step3 表のレイアウトを変更する

1 行の挿入

作成した表に、行や列を挿入して、表のレイアウトを変更することができます。
「氏名」の下に1行挿入し、挿入した行の2列目に「社員ID」と入力しましょう。

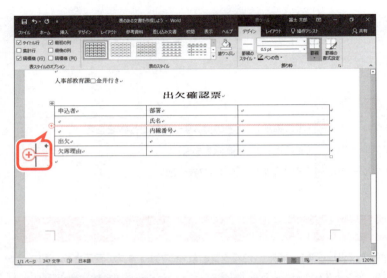

①表内をポイントします。
※表内であればどこでもかまいません。
②2行目と3行目の境界線の左側をポイントします。
境界線の左側に ⊕ が表示され、行と行の間が二重線になります。
③ ⊕ をクリックします。

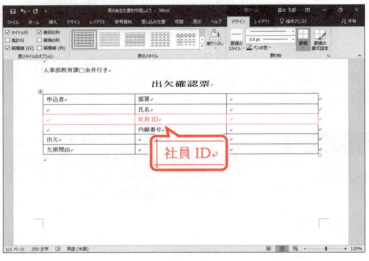

行が挿入されます。
④挿入した行の2列目に「社員ID」と入力します。

STEP UP その他の方法（行の挿入）

◆挿入する行にカーソルを移動→《表ツール》の《レイアウト》タブ→《行と列》グループの ▥ （上に行を挿入）／ ▥ （下に行を挿入）
◆挿入する行のセルを右クリック→《挿入》→《上に行を挿入》／《下に行を挿入》
◆挿入する行を選択→ミニツールバーの ▥ （表の挿入）→《上に行を挿入》／《下に行を挿入》

POINT 表の一番上に行を挿入する場合

表の一番上の罫線の左側をポイントしても、⊕は表示されません。1行目より上に行を挿入するには、《表ツール》の《レイアウト》タブ→《行と列》グループの ▥ （上に行を挿入）を使って挿入します。

STEP UP 列の挿入

列を挿入する方法は、次のとおりです。
◆挿入する列の間の罫線の上側をポイント→ ⊕ をクリック

POINT 表の各部の選択

表の各部を選択する方法は、次のとおりです。

選択対象	操作方法
表全体	表をポイントし、表の左上の ✣ (表の移動ハンドル) をクリック
行	マウスポインターの形が ⇗ の状態で、行の左側をクリック
隣接する複数の行	マウスポインターの形が ⇗ の状態で、行の左側をドラッグ
列	マウスポインターの形が ↓ の状態で、列の上側をクリック
隣接する複数の列	マウスポインターの形が ↓ の状態で、列の上側をドラッグ
セル	マウスポインターの形が ➚ の状態で、セル内の左端をクリック
隣接する複数のセル範囲	開始セルから終了セルまでをドラッグ

POINT 行・列・表全体の削除

行・列・表全体を削除する方法は、次のとおりです。
◆削除する行・列・表全体を選択→ [Back Space]

2 表のサイズ変更

表全体のサイズを変更するには、□ (表のサイズ変更ハンドル) をドラッグします。
□ (表のサイズ変更ハンドル) は、表内をポイントすると表の右下に表示されます。
表のサイズを変更しましょう。

①表内をポイントします。
※表内であれば、どこでもかまいません。
表の右下に □ (表のサイズ変更ハンドル) が表示されます。

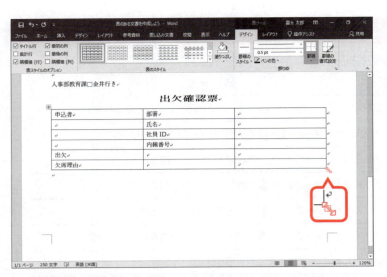

②□（表のサイズ変更ハンドル）をポイントします。
マウスポインターの形が に変わります。

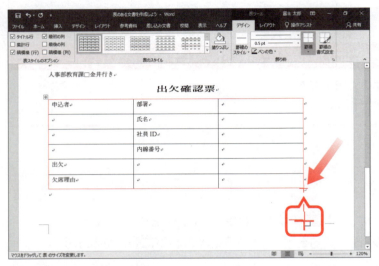

③図のようにドラッグします。
ドラッグ中、マウスポインターの形が十に変わり、マウスポインターの動きに合わせてサイズが表示されます。

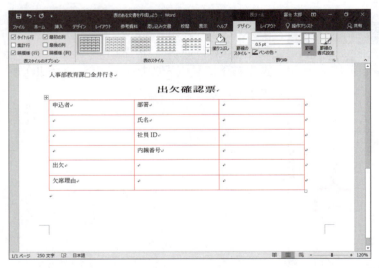

表のサイズが変更されます。

3　列の幅の変更

列と列の間の罫線をドラッグしたりダブルクリックしたりして、列の幅を変更できます。

1 ドラッグ操作による列の幅の変更

列の罫線をドラッグすると、列の幅を自由に変更できます。
1列目の列の幅を変更しましょう。

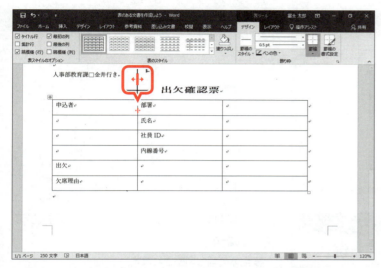

①1列目と2列目の間の罫線をポイントします。
マウスポインターの形が ←||→ に変わります。

②図のようにドラッグします。
ドラッグ中、マウスポインターの動きに合わせて点線が表示されます。

列の幅が変更されます。
※表全体の幅は変わりません。

2 ダブルクリック操作による列の幅の変更

各列の右側の罫線をダブルクリックすると、列内で最長のデータに合わせて列の幅を自動的に変更できます。
2列目の列の幅を変更しましょう。

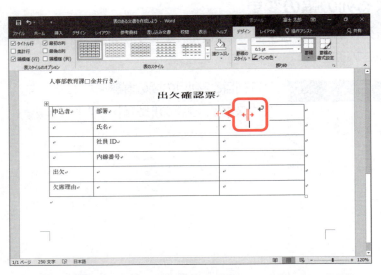

①2列目の右側の罫線をポイントします。
マウスポインターの形が ↔ に変わります。
②ダブルクリックします。

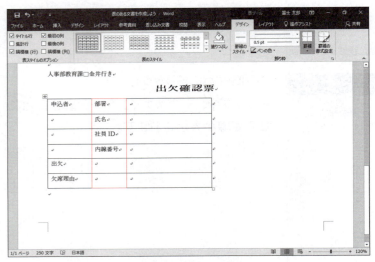

列内の最長のデータに合わせて列の幅が変更されます。
※表全体の幅も調整されます。

STEP UP 表全体の列の幅の変更

表全体を選択した状態で任意の列の罫線をダブルクリックすると、各列の最長のデータに合わせて、表内のすべての列の幅を一括して変更できます。
※データの入力されている列だけが変更されます。

STEP UP 数値で列の幅を指定

数値を指定して列の幅を正確に変更する方法は、次のとおりです。
◆列内にカーソルを移動→《表ツール》の《レイアウト》タブ→《セルのサイズ》グループの 📏 (列の幅の設定)を設定

STEP UP 行の高さの変更

行の高さを変更する方法は、次のとおりです。
◆変更する行の下側の罫線をポイント→マウスポインターの形が ↕ に変わったらドラッグ

4 セルの結合

セルの結合を行うと、隣り合った複数のセルをひとつに結合できます。

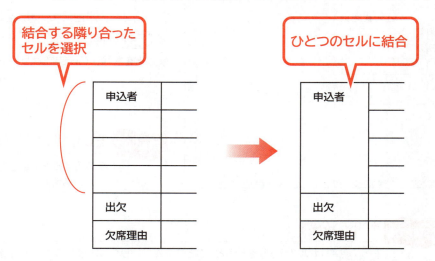

1～4行1列目、5行2～3列目、6行2～3列目を結合して、ひとつのセルにしましょう。

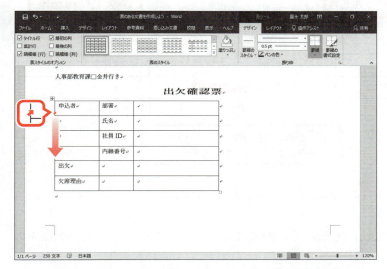

結合するセルを選択します。
①図のように、「**申込者**」のセル内の左端をポイントします。
マウスポインターの形が に変わります。
②4行1列目のセルまでドラッグします。

1～4行1列目のセルが選択されます。
③《**表ツール**》の《**レイアウト**》タブを選択します。
④《**結合**》グループの セルの結合 （セルの結合）をクリックします。

セルが結合されます。
⑤5行2～3列目のセルを選択します。
⑥F4を押します。
⑦6行2～3列目のセルを選択します。
⑧F4を押します。
※選択を解除しておきましょう。

STEP UP その他の方法（セルの結合）

◆結合するセルを選択し、右クリック→《セルの結合》

STEP UP セルの分割

（セルの分割）を使うと、ひとつまたは隣り合った複数のセルを指定した行数・列数に分割できます。

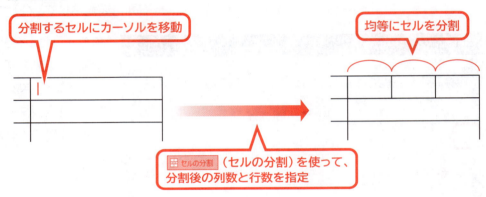

Let's Try ためしてみよう

5行2列目のセルに「出席□□欠席□□（どちらかに○印を付けてください）」と入力し、データに合わせた列の幅に変更しましょう。
※□は全角空白を表します。

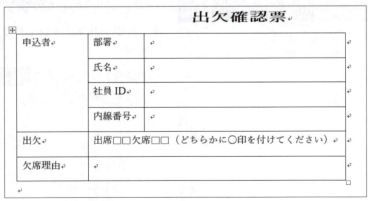

Let's Try Answer

①5行2列目のセルにカーソルを移動
②文字を入力
③3列目の右側の罫線をポイント
④マウスポインターの形が ←||→ に変わったら、ダブルクリック

Step 4 表に書式を設定する

1 セル内の配置の設定

セル内の文字は、水平方向の位置や垂直方向の位置を調整できます。
《レイアウト》タブの《配置》グループの各ボタンを使って設定します。

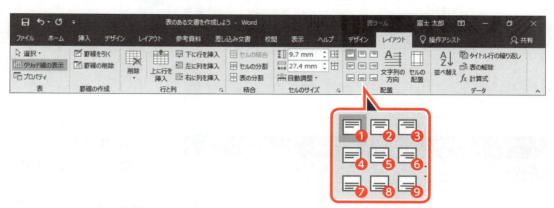

文字の配置は次のようになります。

❶両端揃え（上）
氏名

❷上揃え（中央）
氏名

❸上揃え（右）
氏名

❹両端揃え（中央）
氏名

❺中央揃え
氏名

❻中央揃え（右）
氏名

❼両端揃え（下）
氏名

❽下揃え（中央）
氏名

❾下揃え（右）
氏名

セル内の文字を中央揃えにしましょう。

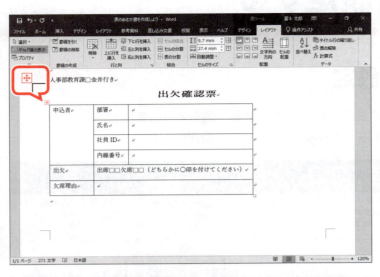

①表内をポイントし、 （表の移動ハンドル）をクリックします。

表全体が選択されます。
②《表ツール》の《レイアウト》タブを選択します。
③《配置》グループの （中央揃え）をクリックします。

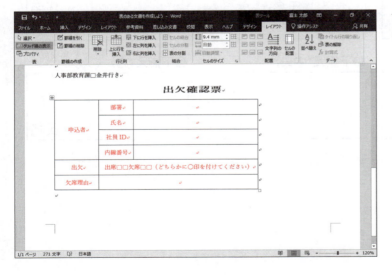

セル内の文字が中央揃えで配置されます。
※選択を解除しておきましょう。

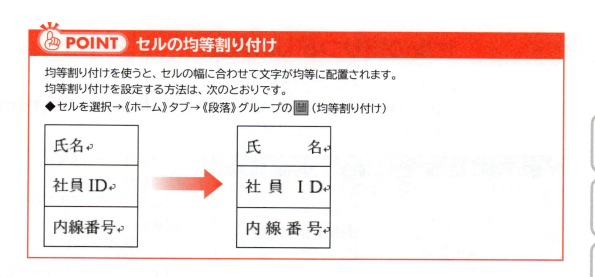

2 表の配置の変更

セル内の文字の配置を変更するには、《**表ツール**》の《**レイアウト**》タブの《**配置**》グループから操作しますが、表全体の配置を変更するには、《**ホーム**》タブの《**段落**》グループから操作します。
表を行の中央に配置しましょう。

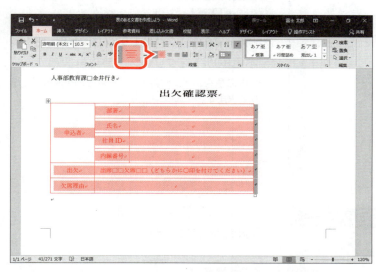

①表全体を選択します。
②《**ホーム**》タブを選択します。
③《**段落**》グループの ≡ (中央揃え) をクリックします。

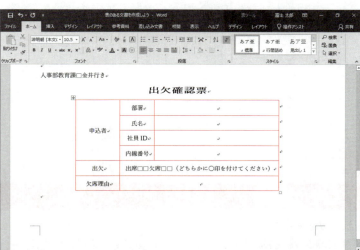

表全体が中央揃えで配置されます。
※選択を解除しておきましょう。

STEP UP その他の方法
（表の配置の変更）

◆表内にカーソルを移動→《**表ツール**》の《**レイアウト**》タブ→《**表**》グループの （表のプロパティ）→《**表**》タブ→《**配置**》の《**中央揃え**》

92

3　セルの塗りつぶしの設定

表内のセルに色を塗って強調できます。
1列目に「緑、アクセント6、白+基本色40%」、1～4行2列目に「緑、アクセント6、白+基本色80%」の塗りつぶしを設定しましょう。

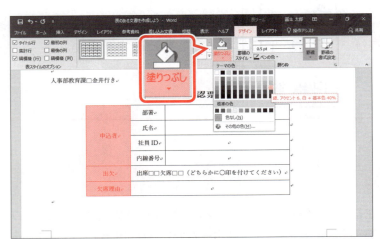

①1列目を選択します。
※列の上側をクリックします。
②《表ツール》の《デザイン》タブを選択します。
③《表のスタイル》グループの (塗りつぶし) の をクリックします。
④《テーマの色》の《緑、アクセント6、白+基本色40%》をクリックします。
※一覧の色をポイントすると、設定後のイメージを確認できます。

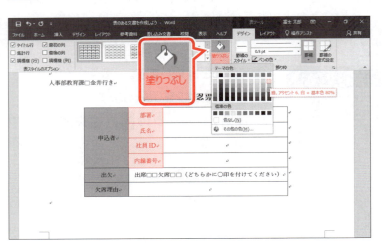

⑤1～4行2列目のセルを選択します。
⑥《表のスタイル》グループの (塗りつぶし) の をクリックします。
⑦《テーマの色》の《緑、アクセント6、白+基本色80%》をクリックします。
※一覧の色をポイントすると、設定後のイメージを確認できます。

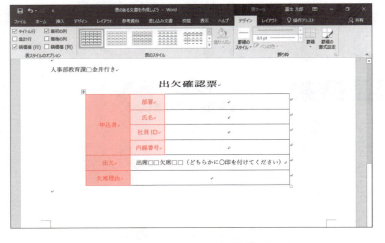

塗りつぶしが設定されます。
※選択を解除しておきましょう。

POINT　セルの塗りつぶしの解除

セルの塗りつぶしを解除する方法は、次のとおりです。
◆セルを選択→《表ツール》の《デザイン》タブ→《表のスタイル》グループの (塗りつぶし) の →《色なし》

4　罫線の種類と太さの変更

罫線の種類と太さはあとから変更できます。
表の外枠を「▬▬▬▬▬▬▬」に、太さを「1.5pt」に変更しましょう。

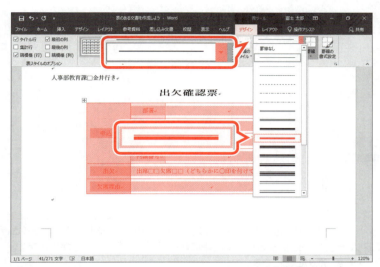

①表全体を選択します。
罫線の種類を選択します。
②《表ツール》の《デザイン》タブを選択します。
③《飾り枠》グループの▬▬▬▬▬（ペンのスタイル）の▼をクリックします。
④《▬▬▬▬▬▬▬》をクリックします。

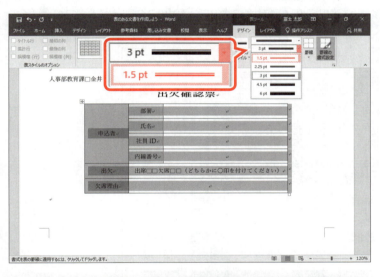

罫線の太さを選択します。
⑤《飾り枠》グループの 3pt ▬▬▬（ペンの太さ）の▼をクリックします。
⑥《1.5pt》をクリックします。

罫線を変更する場所を選択します。
⑦《飾り枠》グループの（罫線）の 罫線 をクリックします。
⑧《外枠》をクリックします。
※一覧の場所をポイントすると、設定後のイメージを確認できます。
※ボタンの形状が直前に選択した（罫線）に変わります。

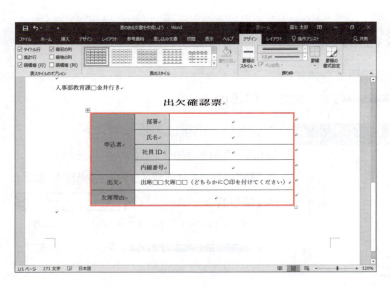

表の外枠の種類と太さが変更されます。
※選択を解除しておきましょう。

STEP UP 表のスタイル

「表のスタイル」とは、罫線や塗りつぶしの色など表全体の書式を組み合わせたものです。たくさんの種類が用意されており、一覧から選択するだけで簡単に表の見栄えを整えることができます。
表のスタイルを設定する方法は、次のとおりです。

◆表内にカーソルを移動→《表ツール》の《デザイン》タブ→《表のスタイル》グループの ▽ （その他）→一覧から選択

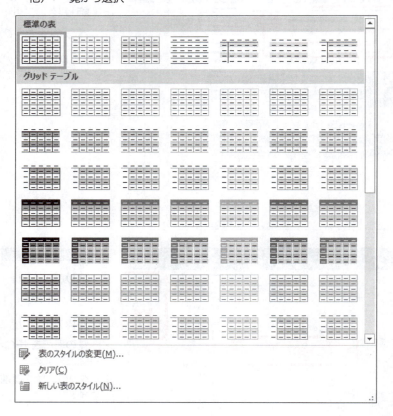

Step 5 段落罫線を設定する

1 段落罫線の設定

罫線を使うと、表だけでなく、水平方向の直線などを引くこともできます。
水平方向の直線は、段落に対して引くので「**段落罫線**」といいます。
次のように「**人事部教育課　金井行き**」の上の行に段落罫線を引きましょう。

```
罫線の種類　　　：--------------
罫線を引く位置：段落の下
```

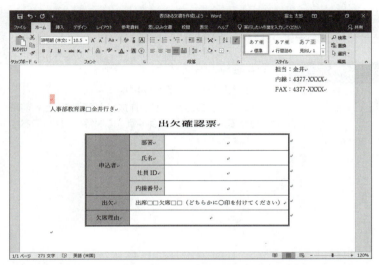

①「**人事部教育課　金井行き**」の上の行を選択します。
段落記号が選択されます。

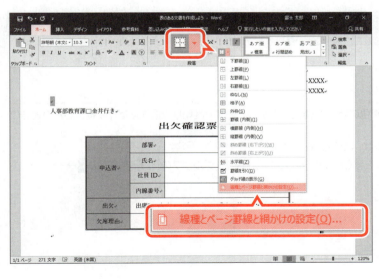

②《**ホーム**》タブを選択します。
③《**段落**》グループの ▼（罫線）の ▼ をクリックします。
④《**線種とページ罫線と網かけの設定**》をクリックします。

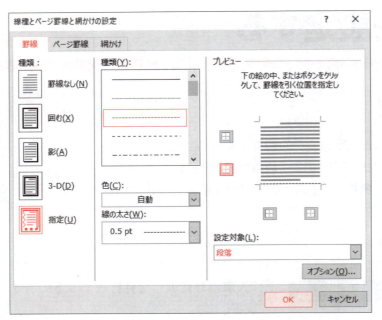

《線種とページ罫線と網かけの設定》ダイアログボックスが表示されます。

⑤《罫線》タブを選択します。

⑥《設定対象》が《段落》になっていることを確認します。

⑦左側の《種類》の《指定》をクリックします。

⑧中央の《種類》の《--------------------》をクリックします。

⑨《プレビュー》の をクリックします。

※ がオン（色が付いている状態）になり、《プレビュー》の絵の下側に罫線が表示されます。

⑩《OK》をクリックします。

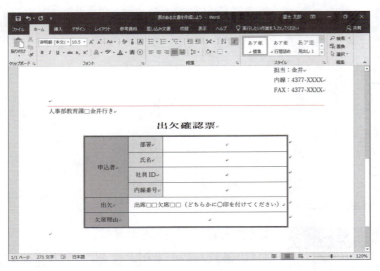

段落罫線が引かれます。

※選択を解除しておきましょう。

※文書に「表のある文書を作成しよう完成」と名前を付けて、フォルダー「第4章」に保存し、閉じておきましょう。

STEP UP 水平線の挿入

「水平線」を使うと、灰色の実線を挿入できます。文書の区切り位置をすばやく挿入したいときに使うと便利です。

水平線を挿入する方法は、次のとおりです。

◆挿入位置にカーソルを移動→《ホーム》タブ→《段落》グループの ⊞ ・（罫線）の ・ →《水平線》

練習問題

 解答 ▶ P.4

完成図のような文書を作成しましょう。

 フォルダー「第4章」の文書「第4章練習問題」を開いておきましょう。

●完成図

```
                                              2020年1月10日
従業員およびご家族の皆様へ
                                              FOMファクトリー
                                                    総務部長

                      優待セールのお知らせ

　毎年恒例の「冬のファミリーセール」を下記のとおり開催いたします。今年は、従来のレ
ディース＆メンズアイテムに加え、子供向けのアイテムも充実しており、皆様にご満足いた
だけるものと確信しております。
　なお、入場には招待状が必要となります。招待状を希望される方は、申込書に必要事項を
記入の上、担当までFAXでお申し込みください。

                              記
        開 催 日    2020年1月25日（土）・26日（日）
        開催時間    午前10時～午後6時
        開催場所    竹芝国際展示場　西館1F
                                                         以上

                                        担当：総務部　中西・小川
                                        TEL：03-3355-XXXX
                                        FAX：03-3366-XXXX
        -------------------------------------------------------------

                           招待状申込書

        | 氏名     |            |          |            |
        | 住所     |            |          |            |
        | 電話番号 |            |          |            |
        | 必要枚数 |            | 来場予定日 |          |
```

① 文末に3行4列の表を作成しましょう。

② 次のようにデータを入力しましょう。

氏名			
住所			
必要枚数		来場予定日	

③ 「**住所**」の下に1行挿入し、挿入した行の1列目に「**電話番号**」と入力しましょう。

④ 表全体の列の幅を、データに合わせた幅に変更しましょう。

⑤ 1行2～4列目、2行2～4列目、3行2～4列目のセルをそれぞれ結合しましょう。

⑥ セル内の文字を中央揃えにしましょう。

⑦ 表を行の中央に配置しましょう。

⑧ 表のすべての項目を太字にし、「**オレンジ**」の塗りつぶしを設定しましょう。

⑨ 表の外枠を「━━━━━━」に、太さを「**1.5pt**」に変更しましょう。

⑩ 完成図を参考に、「**FAX：03-3366-XXXX**」の下の行に段落罫線を引きましょう。

※文書に「第4章練習問題完成」と名前を付けて、フォルダー「第4章」に保存し、閉じておきましょう。
※Wordを終了しておきましょう。

第5章

さあ、はじめよう Excel 2019

Check	この章で学ぶこと	101
Step1	Excelの概要	102
Step2	Excelを起動する	104
Step3	Excelの画面構成	109

第5章 この章で学ぶこと

学習前に習得すべきポイントを理解しておき、
学習後には確実に習得できたかどうかを振り返りましょう。

1	Excelで何ができるかを説明できる。	→ P.102
2	Excelを起動できる。	→ P.104
3	Excelのスタート画面の使い方を説明できる。	→ P.105
4	既存のブックを開くことができる。	→ P.106
5	ブックとシートとセルの違いを説明できる。	→ P.108
6	Excelの画面の各部の名称や役割を説明できる。	→ P.109
7	表示モードの違いを説明できる。	→ P.111
8	シートを挿入できる。	→ P.112
9	シートを切り替えることができる。	→ P.113

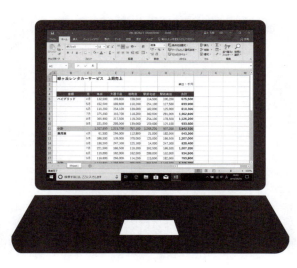

Step 1 Excelの概要

1 Excelの概要

「Excel」は、表計算からグラフ作成、データ管理まで様々な機能を兼ね備えた表計算ソフトです。
Excelには、主に次のような機能があります。

1 表の作成

様々な編集機能で数値データを扱う「**表**」を見やすく見栄えのするものにできます。

	A	B	C	D	E	F	G	H	I	J	K
1											
2				FOMブックストアー　下期売上表							
3										単位：千円	
4			10月	11月	12月	1月	2月	3月	下期合計	売上構成比	
5		和書	805	715	850	898	753	920	4,941	28.5%	
6		洋書	306	255	281	395	207	293	1,737	10.0%	
7		雑誌	593	502	609	567	545	587	3,403	19.7%	
8		コミック	331	357	582	546	403	495	2,714	15.7%	
9		DVD	116	201	98	105	113	198	831	4.8%	
10		ソフトウェア	371	406	896	431	775	804	3,683	21.3%	
11		合計	2,522	2,436	3,316	2,942	2,796	3,297	17,309	100.0%	
12		平均	420	406	553	490	466	550	2,885		
13											

2 計算

豊富な「**関数**」が用意されています。関数を使うと、簡単な計算から高度な計算までを瞬時に行うことができます。

	A	B	C	D	E	F	G	H	I	J	K
1											
2		FOMブックストアー　下期売上表									
3										単位：千円	
4			10月	11月	12月	1月	2月	3月	下期合計	売上構成比	
5		和書	805	715	850	898	753	920	4941		
6		洋書	306	255	281	395	207	293	1737		
7		雑誌	593	502	609	567	545	587	3403		
8		コミック	331	357	582	546	403	495	2714		
9		ソフトウェ	371	406	896	431	775	804	3683		
10		合計	=SUM(C5:C9)								
11		平均	SUM(数値1, [数値2], ...)								
12											
13											

3 グラフの作成

わかりやすく見やすい**「グラフ」**を簡単に作成できます。グラフを使うと、データを視覚的に表示できるので、データを比較したり傾向を把握したりするのに便利です。

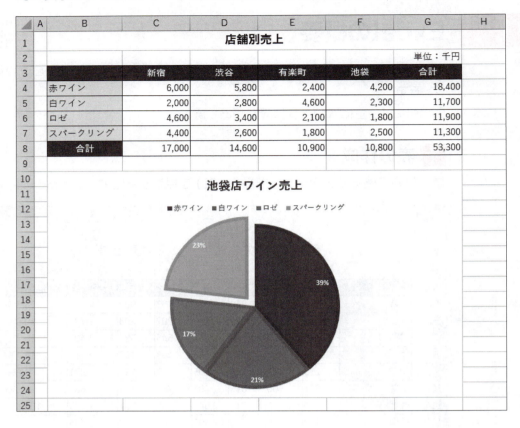

4 データの管理

目的に応じて表のデータを並べ替えたり、必要なデータだけを取り出したりできます。住所録や売上台帳などの大量のデータを管理するのに便利です。

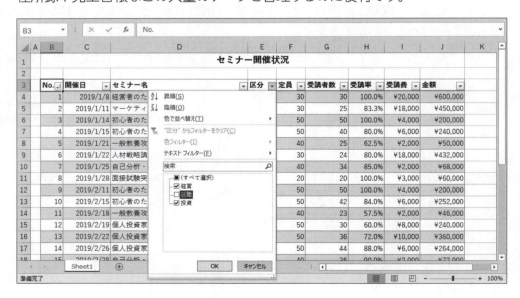

Step 2 Excelを起動する

1 Excelの起動

Excelを起動しましょう。

① ■（スタート）をクリックします。
スタートメニューが表示されます。
②《Excel》をクリックします。

Excelが起動し、Excelのスタート画面が表示されます。
③タスクバーにExcelのアイコンが表示されていることを確認します。
※ウィンドウが最大化されていない場合は、□ （最大化）をクリックしておきましょう。

2 Excelのスタート画面

Excelが起動すると、**「スタート画面」**が表示されます。スタート画面では、これから行う作業を選択します。
スタート画面を確認しましょう。

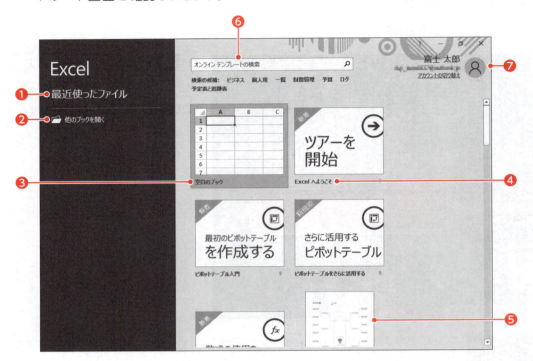

❶最近使ったファイル
最近開いたブックがある場合、その一覧が表示されます。
一覧から選択すると、ブックが開かれます。

❷他のブックを開く
すでに保存済みのブックを開く場合に使います。

❸空白のブック
新しいブックを作成します。
何も入力されていない白紙のブックが表示されます。

❹Excelへようこそ
Excel 2019の基本操作を紹介するブックが開かれます。

❺その他のブック
新しいブックを作成します。
あらかじめ数式や書式が設定されたブックが表示されます。

❻検索ボックス
あらかじめ数式や書式が設定されたブックをインターネット上から検索する場合に使います。

❼Microsoftアカウントのユーザー情報
Microsoftアカウントでサインインしている場合、その表示名やメールアドレスなどが表示されます。
※サインインしなくても、Excelを利用できます。

> **POINT サインイン・サインアウト**
>
> 「サインイン」とは、正規のユーザーであることを証明し、サービスを利用できる状態にする操作です。
> 「サインアウト」とは、サービスの利用を終了する操作です。

3 ブックを開く

すでに保存済みのブックをExcelのウィンドウに表示することを「**ブックを開く**」といいます。スタート画面からブック「**さあ、はじめよう（Excel2019）**」を開きましょう。

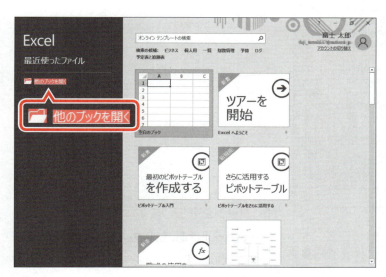

①スタート画面が表示されていることを確認します。
②《**他のブックを開く**》をクリックします。

ブックが保存されている場所を選択します。
③《**参照**》をクリックします。

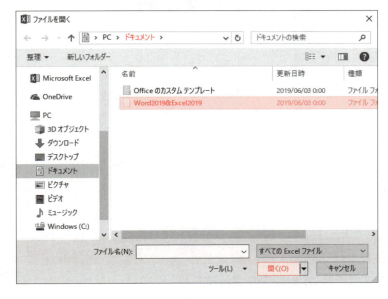

《**ファイルを開く**》ダイアログボックスが表示されます。
④《**ドキュメント**》が開かれていることを確認します。
※《**ドキュメント**》が開かれていない場合は、《PC》→《**ドキュメント**》を選択します。
⑤一覧から「**Word2019&Excel2019**」を選択します。
⑥《**開く**》をクリックします。

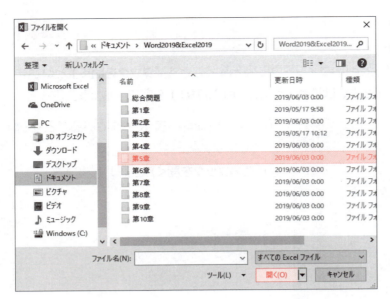

⑦一覧から「**第5章**」を選択します。
⑧《**開く**》をクリックします。

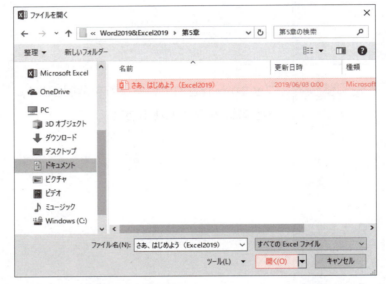

開くブックを選択します。
⑨一覧から「**さあ、はじめよう（Excel2019）**」を選択します。
⑩《**開く**》をクリックします。

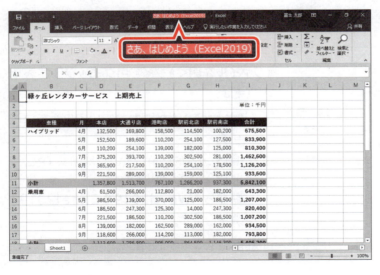

ブックが開かれます。
⑪タイトルバーにブックの名前が表示されていることを確認します。

👉 POINT　ブックを開く

Excelを起動した状態で、既存のブックを開く方法は、次のとおりです。
◆《ファイル》タブ→《開く》

4 Excelの基本要素

Excelの基本的な要素を確認しましょう。

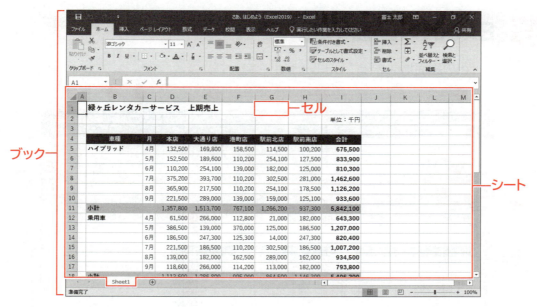

●ブック
Excelでは、ファイルのことを**「ブック」**といいます。
複数のブックを開いて、ウィンドウを切り替えながら作業できます。処理の対象になっているウィンドウを**「アクティブウィンドウ」**といいます。

●シート
表やグラフなどを作成する領域を**「ワークシート」**または**「シート」**といいます（以降、**「シート」**と記載）。
ブック内には、1枚のシートがあり、必要に応じて新しいシートを挿入してシートの枚数を増やしたり、削除したりできます。シート1枚の大きさは、1,048,576行×16,384列です。
処理の対象になっているシートを**「アクティブシート」**といい、一番手前に表示されます。

●セル
データを入力する最小単位を**「セル」**といいます。
処理の対象になっているセルを**「アクティブセル」**といい、緑色の太線で囲まれて表示されます。アクティブセルの列番号と行番号の文字の色は緑色になります。

> **POINT 行と列**
>
> Excelのシートは「行」と「列」で構成されています。
>
>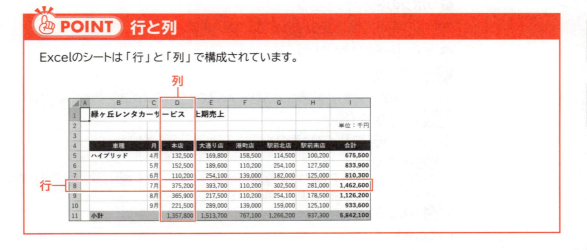

Step 3 Excelの画面構成

1 Excelの画面構成

Excelの画面構成を確認しましょう。

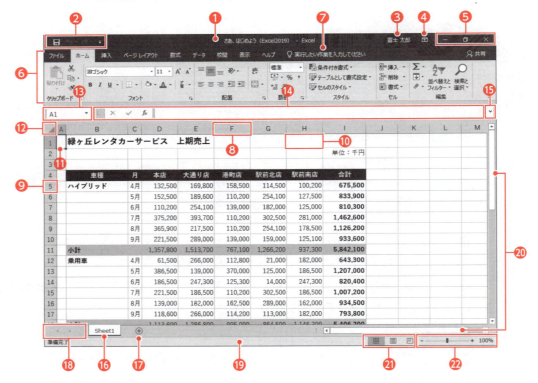

❶ **タイトルバー**
ファイル名やアプリ名が表示されます。

❷ **クイックアクセスツールバー**
よく使うコマンド（作業を進めるための指示）を登録できます。初期の設定では、 ■ （上書き保存）、 ⤺ （元に戻す）、 ⤻ （やり直し）の3つのコマンドが登録されています。
※タッチ対応のパソコンでは、3つのコマンドのほかに ＊ （タッチ/マウスモードの切り替え）が登録されています。

❸ **Microsoftアカウントの表示名**
サインインしている場合に表示されます。

❹ **リボンの表示オプション**
リボンの表示方法を変更するときに使います。

❺ **ウィンドウの操作ボタン**

　　■ （最小化）
ウィンドウが一時的に非表示になり、タスクバーにアイコンで表示されます。

　　□ （元に戻す（縮小））
ウィンドウが元のサイズに戻ります。

※ □ （最大化）
ウィンドウを元のサイズに戻すと、 □ （元に戻す（縮小））から □ （最大化）に切り替わります。クリックすると、ウィンドウが最大化されて、画面全体に表示されます。

　　✕ （閉じる）
Excelを終了します。

❻ **リボン**
コマンドを実行するときに使います。関連する機能ごとに、タブに分類されています。
※タッチ対応のパソコンでは、《挿入》タブと《ページレイアウト》タブの間に《描画》タブが表示される場合があります。

❼ **操作アシスト**
機能や用語の意味を調べたり、リボンから探し出せないコマンドをダイレクトに実行したりするときに使います。

❽ **列番号**
シートの列番号を示します。列番号【A】から列番号【XFD】まで16,384列あります。

❾ **行番号**
シートの行番号を示します。行番号【1】から行番号【1048576】まで1,048,576行あります。

❿ **セル**
列と行が交わるひとつひとつのマス目のことです。列番号と行番号で位置を表します。
例えば、G列の10行目のセルは【G10】で表します。

⓫ **アクティブセル**
処理の対象になっているセルのことです。

⓬ **全セル選択ボタン**
シート内のすべてのセルを選択するときに使います。

⓭ **名前ボックス**
アクティブセルの位置などが表示されます。

⓮ **数式バー**
アクティブセルの内容などが表示されます。

⓯ **数式バーの展開**
数式バーを展開し、表示領域を拡大します。
※数式バーを展開すると、⌄から⌃に切り替わります。クリックすると、数式バーが折りたたまれて、表示領域が元のサイズに戻ります。

⓰ **シート見出し**
シートを識別するための見出しです。

⓱ **新しいシート**
新しいシートを挿入するときに使います。

⓲ **見出しスクロールボタン**
シート見出しの表示領域を移動するときに使います。

⓳ **ステータスバー**
現在の作業状況や処理手順が表示されます。

⓴ **スクロールバー**
シートの表示領域を移動するときに使います。

㉑ **表示選択ショートカット**
表示モードを切り替えるときに使います。

㉒ **ズーム**
シートの表示倍率を変更するときに使います。

2 Excelの表示モード

Excelには、次のような表示モードが用意されています。
表示モードを切り替えるには、表示選択ショートカットのボタンをそれぞれクリックします。

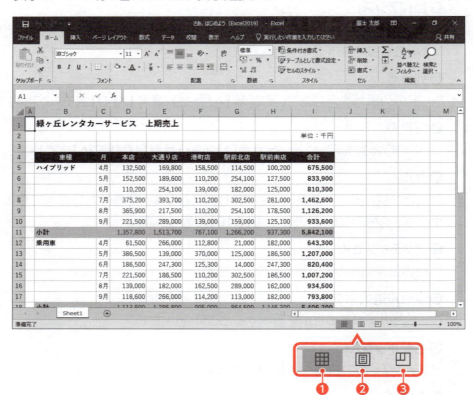

❶ ⊞ (標準)

標準の表示モードです。文字を入力したり、表やグラフを作成したりする場合に使います。通常、この表示モードでブックを作成します。

❷ 回 (ページレイアウト)

印刷結果に近いイメージで表示するモードです。用紙にどのように印刷されるかを確認したり、ページの上部または下部の余白領域に日付やページ番号などを入れたりする場合に使います。

❸ 凹 (改ページプレビュー)

印刷範囲や改ページ位置を表示するモードです。1ページに印刷する範囲を調整したり、区切りのよい位置で改ページされるように位置を調整したりする場合に使います。

3 シートの挿入

シートは必要に応じて挿入したり、削除したりできます。
新しいシートを挿入しましょう。

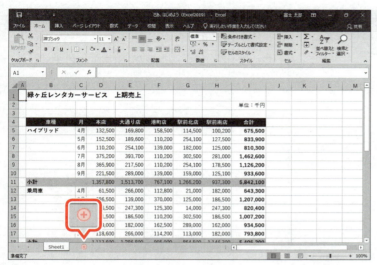

①⊕（新しいシート）をクリックします。

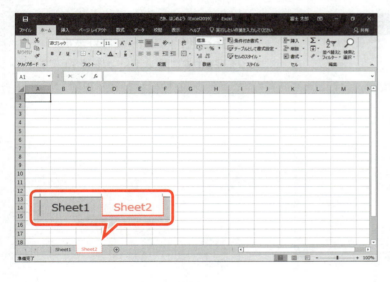

新しいシート「**Sheet2**」が挿入されます。

STEP UP その他の方法（シートの挿入）

◆《ホーム》タブ→《セル》グループの（セルの挿入）の→《シートの挿入》
◆シート見出しを右クリック→《挿入》→《標準》タブ→《ワークシート》
◆ Shift + F11

POINT シートの削除

シートを削除する方法は、次のとおりです。
◆削除するシートのシート見出しを右クリック→《削除》

4 シートの切り替え

シートを切り替えるには、シート見出しをクリックします。
シート「Sheet1」に切り替えましょう。

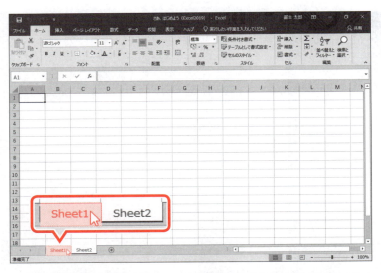

①シート「Sheet1」のシート見出しをポイントします。
マウスポインターの形が 🖱 に変わります。

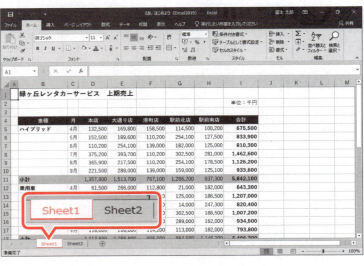

②クリックします。
シート「Sheet1」に切り替わります。
※ブックを保存せずに閉じ、Excelを終了しておきましょう。

STEP UP その他の方法（シートの切り替え）

◆ Ctrl + Page Up
◆ Ctrl + Page Down

第6章

データを入力しよう
Excel 2019

Check	この章で学ぶこと	115
Step1	作成するブックを確認する	116
Step2	新しいブックを作成する	117
Step3	データを入力する	118
Step4	オートフィルを利用する	126
練習問題		129

第6章 この章で学ぶこと

学習前に習得すべきポイントを理解しておき、学習後には確実に習得できたかどうかを振り返りましょう。

1 新しいブックを作成できる。 → P.117

2 文字列と数値の違いを理解し、セルに入力できる。 → P.118

3 演算記号を使って、数式を入力できる。 → P.121

4 修正内容や入力状況に応じて、データの修正方法を使い分けることができる。 → P.123

5 セル内のデータを削除できる。 → P.124

6 オートフィルを利用して、連続データを入力できる。 → P.126

7 オートフィルを利用して、数式をコピーできる。 → P.127

Step 1 作成するブックを確認する

1 作成するブックの確認

次のようなブックを作成しましょう。

	A	B	C	D	E	F	G
1							
2		竹芝遊園地夏季来場者数					
3							
4			6月	7月	8月	合計	
5		大人	2800	3600	5600	12000	
6		子供	1200	2800	4300	8300	
7		合計	4000	6400	9900	20300	
8							
9							
10							
11							

- 文字列の入力
- オートフィルを利用した連続データの入力
- データの修正
- 数値の入力
- 数式の入力
- オートフィルを利用した数式のコピー

Step2 新しいブックを作成する

1 ブックの新規作成

Excelを起動し、新しいブックを作成しましょう。

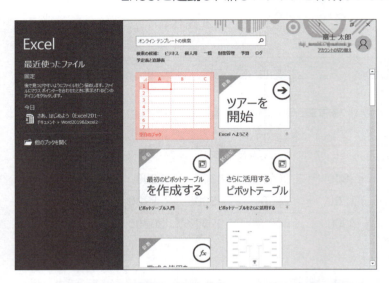

①Excelを起動し、Excelのスタート画面を表示します。
※ ⊞（スタート）→《Excel》をクリックします。
②《空白のブック》をクリックします。

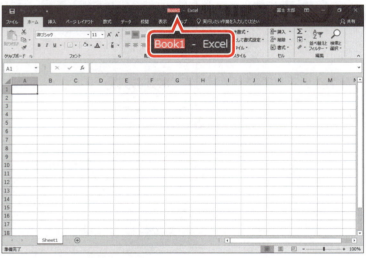

新しいブックが開かれます。
③タイトルバーに「Book1」と表示されていることを確認します。

POINT ブックの新規作成

Excelを起動した状態で、新しいブックを作成する方法は、次のとおりです。
◆《ファイル》タブ→《新規》→《空白のブック》

Step 3 データを入力する

1 データの種類

Excelで扱うデータには**「文字列」**と**「数値」**があります。

種類	計算対象	セル内の配置
文字列	計算対象にならない	左揃えで表示
数値	計算対象になる	右揃えで表示

※日付や数式は「数値」に含まれます。
※基本的に文字列は計算対象になりませんが、文字列を使った数式を入力することもあります。

2 データの入力手順

データを入力する基本的な手順は、次のとおりです。

1 セルをアクティブセルにする

データを入力するセルをクリックし、アクティブセルにします。

2 データを入力する

入力モードを確認し、キーボードからデータを入力します。

3 データを確定する

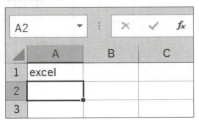を押して、入力したデータを確定します。

3 文字列の入力

セル【B5】に「大人」と入力しましょう。

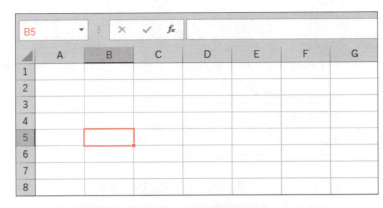

データを入力するセルをアクティブセルにします。
①セル【B5】をクリックします。
名前ボックスに「B5」と表示されます。

②入力モードを あ にします。
※入力モードは [半角/全角漢字] で切り替えます。

データを入力します。
③「大人」と入力します。
数式バーにデータが表示されます。

データを確定します。
④ [Enter] を押します。
アクティブセルがセル【B6】に移動します。
※ [Enter] を押してデータを確定すると、アクティブセルが下に移動します。
⑤入力した文字列が左揃えで表示されることを確認します。

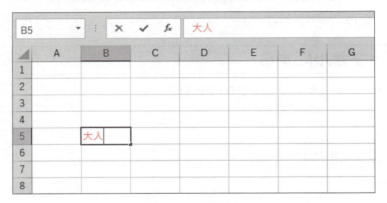

⑥同様に、次のデータを入力します。

> セル【B6】：小学生
> セル【B7】：合計
> セル【B8】：平均
> セル【B2】：竹芝遊園地来場者数
> セル【C4】：6月

STEP UP その他の方法（アクティブセルの指定）

キー操作で、アクティブセルを指定することもできます。

位置	キー操作
セル単位の移動（上下左右）	[↑] [↓] [←] [→]
1画面単位の移動（上下）	[Page Up] [Page Down]
1画面単位の移動（左右）	[Alt]+[Page Up]　[Alt]+[Page Down]
ホームポジション（セル【A1】）	[Ctrl]+[Home]
データ入力の最終セル	[Ctrl]+[End]

STEP UP データの確定

次のキー操作で、入力したデータを確定できます。
キー操作によって、確定後にアクティブセルが移動する方向は異なります。

アクティブセルの移動方向	キー操作
下へ	[Enter] または [↓]
上へ	[Shift]+[Enter] または [↑]
右へ	[Tab] または [→]
左へ	[Shift]+[Tab] または [←]

Let's Try ためしてみよう

セル【B7】の「合計」をセル【F4】にコピーしましょう。

Hint! Wordと同様に、 (コピー)と (貼り付け)を組み合わせて使います。

Let's Try Answer

① セル【B7】をクリック
② 《ホーム》タブを選択
③ 《クリップボード》グループの (コピー)をクリック
④ セル【F4】をクリック
⑤ 《クリップボード》グループの (貼り付け)をクリック

4 数値の入力

数値を入力するとき、キーボードにテンキー（キーボード右側の数字がまとめられた箇所）がある場合は、テンキーを使うと効率的です。
セル【C5】に「2800」と入力しましょう。

データを入力するセルをアクティブセルにします。

① セル【C5】をクリックします。

名前ボックスに「**C5**」と表示されます。

② 入力モードを  にします。

	A	B	C	D	E	F	G
1							
2		竹芝遊園地来場者数					
3							
4			6月			合計	
5		大人	2800				
6		小学生					
7		合計					
8		平均					

データを入力します。
③「2800」と入力します。
数式バーにデータが表示されます。
データを確定します。
④ Enter を押します。
アクティブセルがセル【C6】に移動します。
⑤入力した数値が右揃えで表示されることを確認します。

⑥同様に、次のデータを入力します。

セル【C6】：1200
セル【D5】：3600
セル【D6】：2800
セル【E5】：5600
セル【E6】：4300

	A	B	C	D	E	F	G
1							
2		竹芝遊園地来場者数					
3							
4			6月			合計	
5		大人	2800	3600	5600		
6		小学生	1200	2800	4300		
7		合計					
8		平均					

POINT 入力モードの切り替え

原則的に、半角英数字を入力するときは A （半角英数）、ひらがな・カタカナ・漢字などを入力するときは あ （ひらがな）に切り替えます。

POINT 日付の入力

「4/1」のように「/（スラッシュ）」または「－（ハイフン）」で区切って月日を入力すると、「4月1日」の形式で表示されます。日付をこの規則で入力しておくと、「2019年4月1日」のように表示形式を変更したり、日付をもとに計算したりできます。

5 数式の入力

「数式」を使うと、入力されている値をもとに計算を行い、計算結果を表示できます。数式は先頭に「＝（等号）」を入力し、続けてセルを参照しながら演算記号を使って入力します。
セル【F5】に「大人」の数値を合計する数式を入力しましょう。

C5	▼	:	×	✓	fx	=C5	

	A	B	C	D	E	F	G
1							
2		竹芝遊園地来場者数					
3							
4			6月			合計	
5		大人	2800	3600	5600	=C5	
6		小学生	1200	2800	4300		
7		合計					
8		平均					

①セル【F5】をクリックします。
②「＝」を入力します。
③セル【C5】をクリックします。
セル【C5】が点線で囲まれ、数式バーに「＝C5」と表示されます。

	A	B	C	D	E	F	G
1							
2		竹芝遊園地来場者数					
3							
4			6月			合計	
5		大人	2800	3600	5600	=C5+D5+E5	
6		小学生	1200	2800	4300		
7		合計					
8		平均					

数式バー: =C5+D5+E5 (セルE5)

④続けて「+」を入力します。
⑤セル【D5】をクリックします。
セル【D5】が点線で囲まれ、数式バーに「=C5+D5」と表示されます。
⑥続けて「+」を入力します。
⑦セル【E5】をクリックします。
セル【E5】が点線で囲まれ、数式バーに「=C5+D5+E5」と表示されます。
⑧[Enter]を押します。
セル【F5】に計算結果「12000」が表示されます。

	A	B	C	D	E	F	G
1							
2		竹芝遊園地来場者数					
3							
4			6月			合計	
5		大人	2800	3600	5600	12000	
6		小学生	1200	2800	4300		
7		合計					
8		平均					

POINT 数式の再計算

セルを参照して数式を入力しておくと、セルの数値を変更したとき、再計算されて自動的に計算結果も更新されます。

POINT 演算記号

数式で使う演算記号は、次のとおりです。

演算記号	計算方法	一般的な数式	入力する数式
+（プラス）	たし算	2+3	=2+3
−（マイナス）	ひき算	2−3	=2−3
*（アスタリスク）	かけ算	2×3	=2*3
/（スラッシュ）	わり算	2÷3	=2/3
^（キャレット）	べき乗	2^3	=2^3

Let's Try ためしてみよう

セル【C7】に「6月」の合計を求める数式を入力しましょう。

① セル【C7】をクリック
② 「=」を入力
③ セル【C5】をクリック
④ 「+」を入力
⑤ セル【C6】をクリック
⑥ [Enter]を押す

6 データの修正

セルに入力したデータを修正する方法には、次の2つがあります。修正内容や入力状況に応じて使い分けます。

● **上書きして修正する**
セルの内容を大幅に変更する場合は、入力したデータの上から新しいデータを入力しなおします。

● **編集状態にして修正する**
セルの内容を部分的に変更する場合は、対象のセルを編集できる状態にしてデータを修正します。

1 上書きして修正する

データを上書きして、セル【B6】の「小学生」を「子供」に修正しましょう。

①セル【B6】をクリックします。
②「子供」と入力します。
③ Enter を押します。

> **POINT 入力中の修正**
> データの入力中に、修正することもできます。
> Back Space で、間違えた部分まで削除して再入力します。
> Esc で、入力途中のすべてのデータを取り消して再入力します。

2 編集状態にして修正する

セルを編集状態にして、セル【B2】の「竹芝遊園地来場者数」を「竹芝遊園地夏季来場者数」に修正しましょう。

①セル【B2】をダブルクリックします。
編集状態になり、セル内にカーソルが表示されます。

②「来場者数」の左をクリックします。

※編集状態では、← → でカーソルを移動することもできます。

③「夏季」と入力します。
④[Enter]を押します。

> **STEP UP** その他の方法（編集状態）
> ◆セルを選択→[F2]
> ◆セルを選択→数式バーをクリック

7 データのクリア

セルのデータや書式を消去することを「**クリア**」といいます。
セル【B8】の「平均」をクリアしましょう。

データをクリアするセルをアクティブセルにします。
①セル【B8】をクリックします。
②[Delete]を押します。

データがクリアされます。

> **STEP UP** その他の方法（クリア）
> ◆セルを選択→《ホーム》タブ→《編集》グループの（クリア）→《数式と値のクリア》
> ◆セルを右クリック→《数式と値のクリア》

> **STEP UP** すべてクリア
> [Delete]では入力したデータ（数値や文字列）だけがクリアされます。セルに書式（罫線や塗りつぶしの色など）が設定されている場合、その書式はクリアされません。
> 入力したデータや書式などセルの内容をすべてクリアする方法は、次のとおりです。
> ◆セルを選択→《ホーム》タブ→《編集》グループの（クリア）→《すべてクリア》

POINT　セル範囲の選択

セルの集まりを「セル範囲」または「範囲」といいます。セル範囲を対象に操作するには、あらかじめ対象となるセル範囲を選択しておきます。

セル範囲の選択

セル範囲を選択するには、始点となるセルから終点となるセルまでドラッグします。

複数のセル範囲を選択するには、まず1つ目のセル範囲を選択したあとに、Ctrlを押しながら2つ目以降のセル範囲を選択します。

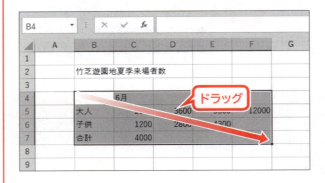

行単位の選択

行単位で選択するには、行番号をクリックします。

複数行をまとめて選択するには、行番号をドラッグします。

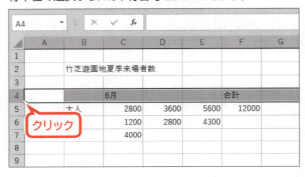

列単位の選択

列単位で選択するには、列番号をクリックします。

複数列をまとめて選択するには、列番号をドラッグします。

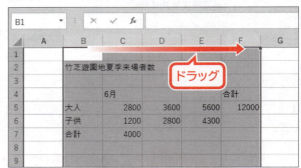

Step 4 オートフィルを利用する

1 連続データの入力

「オートフィル」は、セル右下の■（フィルハンドル）を使って連続性のあるデータを隣接するセルに入力する機能です。
オートフィルを使って、セル範囲【D4:E4】に「7月」「8月」と入力しましょう。
※本書では、セル【D4】からセル【E4】までのセル範囲を、セル範囲【D4:E4】と記載しています。

①セル【C4】をクリックします。
②セル【C4】の右下の■（フィルハンドル）をポイントします。
マウスポインターの形が ✚ に変わります。

③セル【E4】までドラッグします。
ドラッグ中、入力されるデータがポップヒントで表示されます。

「7月」「8月」が入力され、📋（オートフィルオプション）が表示されます。

👉 POINT その他の連続データの入力

同様の手順で、「1月1日」～「12月31日」、「月曜日」～「日曜日」、「第1四半期」～「第4四半期」なども入力できます。

POINT オートフィルオプション

オートフィルを実行すると、 (オートフィルオプション)が表示されます。
クリックすると表示される一覧から、書式の有無を指定したり、日付の単位を変更したりできます。

POINT オートフィルのドラッグの方向

■(フィルハンドル)を上下左右にドラッグして、データを入力できます。

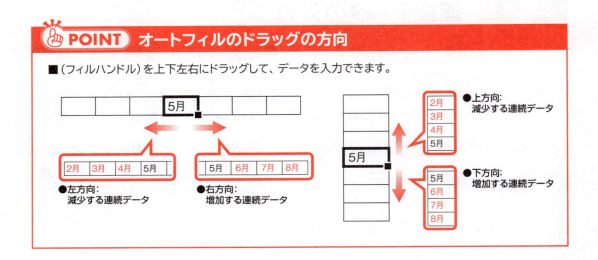

2 数式のコピー

オートフィルを使って数式をコピーすることもできます。
セル【F5】に入力されている数式をコピーし、セル【F6】に「子供」の合計を求めましょう。

	A	B	C	D	E	F	G
1							
2		竹芝遊園地夏季来場者数					
3							
4			6月	7月	8月	合計	
5		大人	2800	3600	5600	12000	
6		子供	1200	2800	4300		
7		合計	4000				

F5 = =C5+D5+E5

セル【F5】に入力されている数式を確認します。

①セル【F5】をクリックします。
②数式バーに「=C5+D5+E5」と表示されていることを確認します。
③セル【F5】の右下の■(フィルハンドル)をポイントします。
マウスポインターの形が+に変わります。
④セル【F6】までドラッグします。

数式がコピーされます。
※数式をコピーすると、コピー先の数式のセル参照は自動的に調整されます。

セル【F6】に入力されている数式を確認します。

⑤セル【F6】をクリックします。
⑥数式バーに「=C6+D6+E6」と表示されていることを確認します。

F6 = =C6+D6+E6

	A	B	C	D	E	F	G
1							
2		竹芝遊園地夏季来場者数					
3							
4			6月	7月	8月	合計	
5		大人	2800	3600	5600	12000	
6		子供	1200	2800	4300	8300	
7		合計	4000				

POINT　フィルハンドルのダブルクリック

■（フィルハンドル）をダブルクリックすると、表内のデータの最終行を自動的に認識し、データが入力されます。

Let's Try　ためしてみよう

セル【C7】の数式をコピーし、セル範囲【D7:F7】にそれぞれ「合計」を求めましょう。

	A	B	C	D	E	F	G	H
1								
2		竹芝遊園地夏季来場者数						
3								
4			6月	7月	8月	合計		
5		大人	2800	3600	5600	12000		
6		子供	1200	2800	4300	8300		
7		合計	4000	6400	9900	20300		
8								
9								

Let's Try Answer

①セル【C7】をクリック
②セル【C7】の右下の■（フィルハンドル）をポイント
③マウスポインターの形が＋に変わったら、セル【F7】までドラッグ

※ブックに「データを入力しよう完成」と名前を付けて、フォルダー「第6章」に保存し、閉じておきましょう。
◆《ファイル》タブ→《名前を付けて保存》→《参照》→《ドキュメント》→「Word2019&Excel2019」の「第6章」を選択→《ファイル名》に「データを入力しよう完成」と入力→《保存》

※Excelを終了しておきましょう。

POINT　アクティブシートとアクティブセルの保存

ブックを保存すると、アクティブシートとアクティブセルの位置も合わせて保存されます。次に作業するときに便利なセルを選択して、ブックを保存しましょう。

練習問題

解答 ▶ P.5

完成図のような表を作成しましょう。

●完成図

	A	B	C	D	E	F	G
1		新作デザート注文数					
2						単位：個	
3			ケーキ	パフェ	クレープ	合計	
4		銀座	120	100	60	280	
5		渋谷	90	150	110	350	
6		横浜	100	80	130	310	
7		合計	310	330	300	940	
8							

① Excelを起動し、新しいブックを作成しましょう。

② 次のようにデータを入力しましょう。

	A	B	C	D	E	F	G
1		新作デザート売上					
2						単位：個	
3			ケーキ	パフェ	クレープ	合計	
4		銀座	120	100	60		
5		渋谷	90	150	110		
6		横浜	100	80	130		
7		合計					
8							

③ セル【F4】に「銀座」の数値を合計する数式を入力しましょう。

④ セル【C7】に「ケーキ」の数値を合計する数式を入力しましょう。

⑤ オートフィルを使って、セル【F4】の数式をセル範囲【F5:F6】にコピーしましょう。

⑥ オートフィルを使って、セル【C7】の数式をセル範囲【D7:F7】にコピーしましょう。

⑦ セル【B1】の「**新作デザート売上**」を「**新作デザート注文数**」に修正しましょう。

※ブックに「第6章練習問題完成」という名前を付けて、フォルダー「第6章」に保存し、閉じておきましょう。

第7章

表を作成しよう
Excel 2019

Check	この章で学ぶこと	131
Step1	作成するブックを確認する	132
Step2	関数を入力する	133
Step3	セルを参照する	138
Step4	表の書式を設定する	140
Step5	表の行や列を操作する	148
Step6	表を印刷する	152
練習問題		155

第7章 この章で学ぶこと

学習前に習得すべきポイントを理解しておき、
学習後には確実に習得できたかどうかを振り返りましょう。

1	関数を使って、データの合計を求めることができる。	☑☑☑ ➡ P.133
2	関数を使って、データの平均を求めることができる。	☑☑☑ ➡ P.136
3	セルの参照方法を理解し、絶対参照で数式を入力できる。	☑☑☑ ➡ P.138
4	セルに罫線を引いたり、色を付けたりできる。	☑☑☑ ➡ P.140
5	フォントやフォントサイズ、フォントの色を設定できる。	☑☑☑ ➡ P.142
6	3桁区切りカンマを付けて、数値を読みやすくできる。	☑☑☑ ➡ P.144
7	数値をパーセント表示に変更できる。	☑☑☑ ➡ P.144
8	小数点以下の桁数の表示を調整できる。	☑☑☑ ➡ P.145
9	セル内のデータの配置を設定できる。	☑☑☑ ➡ P.146
10	複数のセルをひとつに結合して、セル内の中央にデータを配置できる。	☑☑☑ ➡ P.147
11	セル内のデータの長さに合わせて、列の幅を調整できる。	☑☑☑ ➡ P.149
12	行を挿入できる。	☑☑☑ ➡ P.150
13	印刷イメージを確認できる。	☑☑☑ ➡ P.152
14	印刷の向きや用紙サイズなどを設定できる。	☑☑☑ ➡ P.153
15	ブックを印刷できる。	☑☑☑ ➡ P.154

Step 1 作成するブックを確認する

1 作成するブックの確認

次のようなブックを作成しましょう。

	A	B	C	D	E	F	G	H	I	J	K
1											
2				FOMブックストアー　下期売上表							
3										単位：千円	
4				10月	11月	12月	1月	2月	3月	下期合計	売上構成比
5		和書		805	715	850	898	753	920	4,941	28.5%
6		洋書		306	255	281	395	207	293	1,737	10.0%
7		雑誌		593	502	609	567	545	587	3,403	19.7%
8		コミック		331	357	582	546	403	495	2,714	15.7%
9		DVD		116	201	98	105	113	198	831	4.8%
10		ソフトウェア		371	406	896	431	775	804	3,683	21.3%
11		合計		2,522	2,436	3,316	2,942	2,796	3,297	17,309	100.0%
12		平均		420	406	553	490	466	550	2,885	
13											

注釈：
- 中央揃え
- 列の幅の変更
- SUM関数
- フォント・フォントサイズ・フォントの色の設定
- セルを結合して中央揃え
- 罫線
- AVERAGE関数
- セルの塗りつぶしの設定
- 3桁区切りカンマの表示
- 絶対参照を使った数式の入力
- パーセントの表示
- 小数点以下の桁数の表示
- 行の挿入

132

Step 2 関数を入力する

1 関数

「関数」とは、あらかじめ定義されている数式のことです。演算記号を使って数式を入力する代わりに、カッコ内に必要な「引数」を指定することによって計算を行います。

```
=関数名（引数1，引数2，…）
 ❶  ❷      ❸
```

❶先頭に「＝（等号）」を入力します。

❷関数名を入力します。
※関数名は、英大文字で入力しても英小文字で入力してもかまいません。

❸引数をカッコで囲み、各引数は「，（カンマ）」で区切ります。
※関数によって、指定する引数は異なります。

2 SUM関数

合計を求めるには、「SUM関数」を使います。
（合計）を使うと、自動的にSUM関数が入力され、簡単に合計を求めることができます。

●SUM関数

数値を合計します。

```
=SUM（数値1，数値2，…）
    引数1   引数2
```

例：
=SUM（A1：A10）　　　セル範囲【A1：A10】を合計する
=SUM（A1，A3：A10）　セル【A1】とセル範囲【A3：A10】を合計する

※引数には、合計する対象のセル、セル範囲、数値などを指定します。
※引数の「：（コロン）」は連続したセル、「，（カンマ）」は離れたセルを表します。

I列と10行目の合計を求めましょう。

File OPEN Excelを起動し、フォルダー「第7章」のブック「表を作成しよう」を開いておきましょう。

計算結果を表示するセルを選択します。
①セル【I5】をクリックします。
②《ホーム》タブを選択します。
③《編集》グループの Σ（合計）をクリックします。

合計するセル範囲が自動的に認識され、点線で囲まれます。
④数式バーに「=SUM(C5:H5)」と表示されていることを確認します。

数式を確定します。
⑤ Enter を押します。
※ Σ（合計）を再度クリックして確定することもできます。
合計が求められます。

数式をコピーします。
⑥セル【I5】をクリックします。
⑦セル【I5】の右下の■（フィルハンドル）をセル【I9】までドラッグします。
※セル範囲【I6:I9】のそれぞれのセルをアクティブセルにして、数式バーで数式の内容を確認しましょう。

計算結果を表示するセルを選択します。
⑧セル【C10】をクリックします。
⑨《編集》グループの Σ（合計）をクリックします。

134

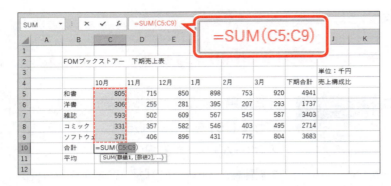

合計するセル範囲が自動的に認識され、点線で囲まれます。

⑩ 数式バーに「=SUM(C5:C9)」と表示されていることを確認します。

数式を確定します。

⑪ [Enter]を押します。

合計が求められます。

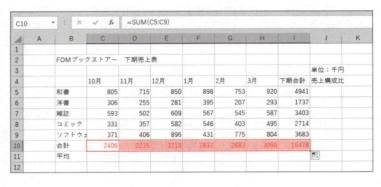

数式をコピーします。

⑫ セル【C10】をクリックします。

⑬ セル【C10】の右下の■（フィルハンドル）をセル【I10】までドラッグします。

※セル範囲【D10:I10】のそれぞれのセルをアクティブセルにして、数式バーで数式の内容を確認しましょう。

STEP UP その他の方法（合計）

◆《数式》タブ→《関数ライブラリ》グループの Σ オートSUM （合計）
◆ [Alt]+[Shift]+[=]

STEP UP 縦横の合計

I列と10行目の合計を一度に求めることができます。

合計する数値と、合計を表示するセル範囲を選択して、Σ（合計）をクリックします。

	A	B	C	D	E	F	G	H	I	J	K
1											
2		FOMブックストアー 下期売上表									
3									単位：千円		
4			10月	11月	12月	1月	2月	3月	下期合計	売上構成比	
5		和書	805	715	850	898	753	920	4941		
6		洋書	306	255	281	395	207	293	1737		
7		雑誌	593	502	609	567	545	587	3403		
8		コミック	331	357	582	546	403	495	2714		
9		ソフトウェ	371	406	896	431	775	804	3683		
10		合計	2406	2235	3218	2837	2683	3099	16478		
11		平均									
12											

3 AVERAGE関数

平均を求めるには、「**AVERAGE関数**」を使います。
Σ▼（合計）の▼から《平均》を選択すると、自動的にAVERAGE関数が入力され、簡単に平均を求めることができます。

●AVERAGE関数

数値の平均値を求めます。

$$=\text{AVERAGE}(\underline{数値1}, \underline{数値2}, \cdots)$$
　　　　　　　　引数1　　引数2

例：
=AVERAGE(A1:A10)　　　セル範囲【A1:A10】の平均を求める
=AVERAGE(A1,A3:A10)　セル【A1】とセル範囲【A3:A10】の平均を求める

※引数には、平均する対象のセル、セル範囲、数値などを指定します。
※引数の「：（コロン）」は連続したセル、「，（カンマ）」は離れたセルを表します。

11行目にそれぞれの月の「**平均**」を求めましょう。

計算結果を表示するセルを選択します。
①セル【C11】をクリックします。
②《ホーム》タブを選択します。
③《編集》グループの Σ▼（合計）の▼をクリックします。
④《平均》をクリックします。

平均するセル範囲が点線で囲まれます。
⑤数式バーに「**=AVERAGE(C5:C10)**」と表示されていることを確認します。

自動的に認識されたセル範囲を、平均するセル範囲に修正します。

⑥セル範囲【C5:C9】を選択します。

⑦数式バーに「=AVERAGE(C5:C9)」と表示されていることを確認します。

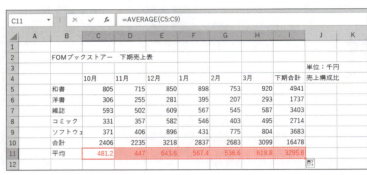

数式を確定します。

⑧ [Enter] を押します。

平均が求められます。

数式をコピーします。

⑨セル【C11】をクリックします。

⑩セル【C11】の右下の■(フィルハンドル)をセル【I11】までドラッグします。

※セル範囲【D11:I11】のそれぞれのセルをアクティブセルにして、数式バーで数式の内容を確認しましょう。

POINT　引数の自動認識

Σ▼(合計)を使ってSUM関数やAVERAGE関数を入力すると、セルの上または左の数値が引数として自動的に認識されます。

STEP UP　MAX関数・MIN関数

最大値を求めるには「MAX関数」、最小値を求めるには「MIN関数」を使います。

●MAX関数

引数の数値の中から最大値を返します。

=MAX(数値1, 数値2, …)
　　　　引数1　引数2

※引数には、対象のセル、セル範囲、数値などを指定します。

●MIN関数

引数の数値の中から最小値を返します。

=MIN(数値1, 数値2, …)
　　　　引数1　引数2

※引数には、対象のセル、セル範囲、数値などを指定します。

Step 3 セルを参照する

1 セルの参照

数式は「=A1*A2」のように、セルを参照して入力するのが一般的です。
セルの参照には、「**相対参照**」と「**絶対参照**」があります。

●相対参照

「**相対参照**」は、セルの位置を相対的に参照する形式です。数式をコピーすると、セルの参照は自動的に調整されます。
図のセル【D2】に入力されている「=B2*C2」の「B2」や「C2」は相対参照です。
数式をコピーすると、コピーの方向に応じて「=B3*C3」「=B4*C4」のように自動的に調整されます。

	A	B	C	D
1	商品名	定価	掛け率	販売価格
2	スーツ	¥56,000	80%	¥44,800	←=B2*C2
3	コート	¥75,000	60%	
4	シャツ	¥15,000	70%	

ドラッグしてコピー

	D
	販売価格
	¥44,800
	¥45,000	←=B3*C3
	¥10,500	←=B4*C4

行番号が調整される

●絶対参照

「**絶対参照**」は、特定の位置にあるセルを必ず参照する形式です。数式をコピーしても、セルの参照は固定されたままで調整されません。セルを絶対参照にするには、「**$**」を付けます。
図のセル【C4】に入力されている「=B4*B1」の「B1」は絶対参照です。数式をコピーしても、「=B5*B1」「=B6*B1」のように「B1」は調整されません。

	A	B	C
1	掛け率	75%	
2			
3	商品名	定価	販売価格
4	スーツ	¥56,000	¥42,000	←=B4*B1
5	コート	¥75,000	
6	シャツ	¥15,000	

ドラッグしてコピー

	C
	販売価格
	¥42,000
	¥56,250	←=B5*B1
	¥11,250	←=B6*B1

セルの参照は固定

絶対参照を使って、「売上構成比」を求める数式を入力し、コピーしましょう。
「売上構成比」は「各分類の下期合計÷下期総合計」で求めます。

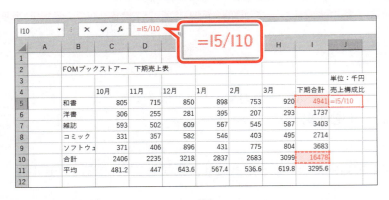

①セル【J5】をクリックします。
②「＝」を入力します。
③セル【I5】をクリックします。
④「/」を入力します。
⑤セル【I10】をクリックします。
⑥数式バーに「=I5/I10」と表示されていることを確認します。

⑦ F4 を押します。
※数式の入力中に F4 を押すと、自動的に「$」が付きます。
⑧数式バーに「=I5/I10」と表示されていることを確認します。
⑨ Enter を押します。

「和書」の「売上構成比」が求められます。
数式をコピーします。
⑩セル【J5】をクリックします。
⑪セル【J5】の右下の■（フィルハンドル）をセル【J10】までドラッグします。

各分類の「売上構成比」が求められます。
※セル範囲【J6:J10】のそれぞれのセルをアクティブセルにして、数式バーで数式の内容を確認しましょう。

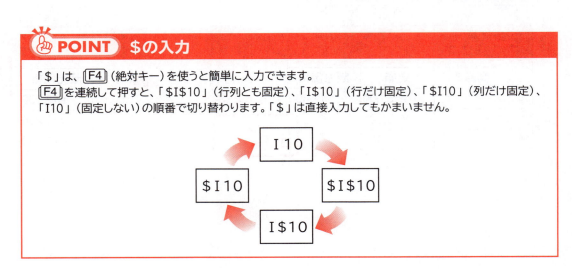

POINT　$の入力

「$」は、 F4 （絶対キー）を使うと簡単に入力できます。
F4 を連続して押すと、「I10」（行列とも固定）、「I$10」（行だけ固定）、「$I10」（列だけ固定）、「I10」（固定しない）の順番で切り替わります。「$」は直接入力してもかまいません。

I10 → I10 → I$10 → $I10 → I10

139

Step4 表の書式を設定する

1 罫線を引く

罫線を引いて、表の見栄えを整えましょう。
《ホーム》タブの ▦ (下罫線)には、よく使う罫線のパターンがあらかじめ用意されています。
表全体に格子の罫線を引きましょう。

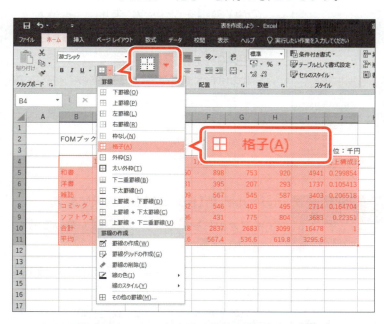

①セル範囲【B4:J11】を選択します。
※選択したセル範囲の右下に 📄 (クイック分析)が表示されます。
②《ホーム》タブを選択します。
③《フォント》グループの ▦ (下罫線)の をクリックします。
④《格子》をクリックします。

格子の罫線が引かれます。
※ボタンが直前に選択した ▦ (格子)に変わります。
※セル範囲の選択を解除して、罫線を確認しましょう。

POINT 罫線の解除

罫線を解除する方法は、次のとおりです。
◆セル範囲を選択→《ホーム》タブ→《フォント》グループの ▦ (格子)の →《枠なし》

STEP UP クイック分析

データが入力されているセル範囲を選択すると、📄 (クイック分析)が表示されます。
クリックすると表示される一覧から、数値の大小関係が視覚的にわかるように書式を設定したり、グラフを作成したり、合計を求めたりすることができます。

140

2 セルの塗りつぶしの設定

セルを色で塗りつぶし、見栄えのする表にしましょう。
4行目の項目名を「**青、アクセント5、白+基本色40%**」、B列の項目名を「**青、アクセント5、白+基本色80%**」で塗りつぶしましょう。

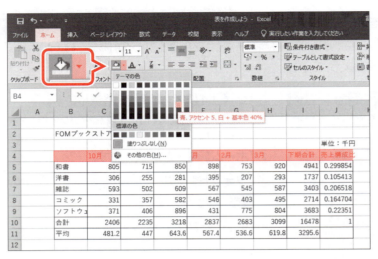

①セル範囲【B4：J4】を選択します。
②《ホーム》タブを選択します。
③《フォント》グループの（塗りつぶしの色）のをクリックします。
④《テーマの色》の《青、アクセント5、白+基本色40%》をクリックします。
※一覧の色をポイントすると、設定後のイメージを確認できます。

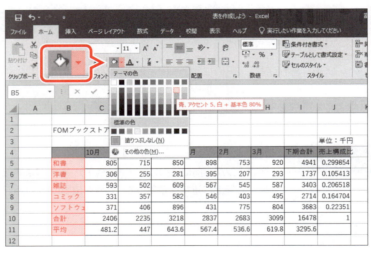

⑤セル範囲【B5：B11】を選択します。
⑥《フォント》グループの（塗りつぶしの色）のをクリックします。
⑦《テーマの色》の《青、アクセント5、白+基本色80%》をクリックします。
※一覧の色をポイントすると、設定後のイメージを確認できます。

セルが選択した色で塗りつぶされます。
※ボタンが直前に選択した色に変わります。
※セル範囲の選択を解除して、塗りつぶしを確認しましょう。

POINT　セルの塗りつぶしの解除

セルの塗りつぶしを解除する方法は、次のとおりです。
◆セル範囲を選択→《ホーム》タブ→《フォント》グループの（塗りつぶしの色）の→《塗りつぶしなし》

3 フォント・フォントサイズ・フォントの色の設定

セルには、フォントやフォントサイズ、フォントの色などの書式を設定できます。
セル【B2】のタイトルに次の書式を設定しましょう。

```
フォント      ：游ゴシックMedium
フォントサイズ：16ポイント
フォントの色  ：ブルーグレー、テキスト2
```

①セル【B2】をクリックします。

②《ホーム》タブを選択します。
③《フォント》グループの 游ゴシック (フォント)の を クリックし、一覧から《游ゴシックMedium》を選択します。
※一覧のフォントをポイントすると、設定後のイメージを確認できます。

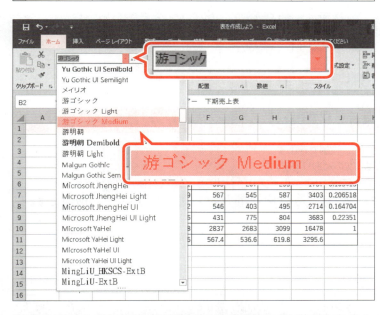

フォントが変更されます。
④《フォント》グループの 11 (フォントサイズ)の をクリックし、一覧から《16》を選択します。
※一覧のフォントサイズをポイントすると、設定後のイメージを確認できます。

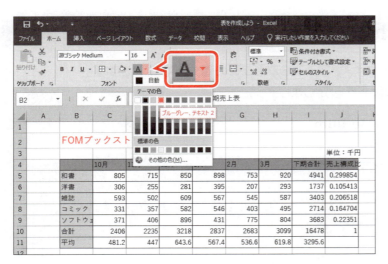

フォントサイズが変更されます。

⑤《フォント》グループの (フォントの色)の をクリックします。

⑥《テーマの色》の《ブルーグレー、テキスト2》をクリックします。

※一覧の色をポイントすると、設定後のイメージを確認できます。

フォントの色が変更されます。
※ボタンが直前に選択した色に変わります。

POINT 太字・斜体・下線の設定

データに太字や斜体、下線を設定して、強調できます。
太字・斜体・下線を設定する方法は、次のとおりです。
◆セル範囲を選択→《ホーム》タブ→《フォント》グループの B (太字) / I (斜体) / U (下線)
※設定した太字・斜体・下線を解除するには、B (太字)・I (斜体)・U (下線) を再度クリックします。ボタンが標準の色に戻ります。

STEP UP セルのスタイルの適用

フォントやフォントサイズ、フォントの色など複数の書式をまとめて登録し、名前を付けたものを「スタイル」といいます。Excelでは、セルに設定できるスタイルがあらかじめ用意されています。
セルのスタイルを適用する方法は、次のとおりです。
◆セル範囲を選択→《ホーム》タブ→《スタイル》グループの セルのスタイル (セルのスタイル) →一覧からスタイルを選択

4 表示形式の設定

セルに「**表示形式**」を設定すると、データの見た目を変更できます。例えば、数値に3桁区切りカンマを付けて表示したり、パーセントで表示したりして、数値を読み取りやすくできます。表示形式を設定しても、セルに格納されているもとの数値は変更されません。

1 3桁区切りカンマの表示

「売上構成比」以外の数値に3桁区切りカンマを付けましょう。

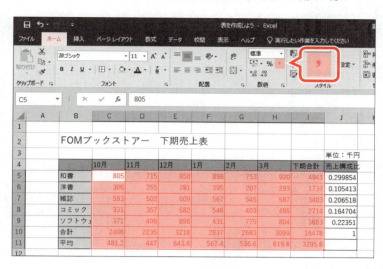

①セル範囲【C5：I11】を選択します。
②《ホーム》タブを選択します。
③《数値》グループの （桁区切りスタイル）をクリックします。

4桁以上の数値に3桁区切りカンマが付きます。

※「平均」の小数点以下は四捨五入され、整数で表示されます。

POINT 通貨の表示

 （通貨表示形式）を使うと、「¥3,000」のように通貨記号と3桁区切りカンマが付いた日本の通貨の表示形式に設定できます。
 （通貨表示形式）の をクリックすると、一覧に外国の通貨が表示されます。ドル（$）やユーロ（€）などの通貨の表示形式に設定できます。

---

2 パーセントの表示

「売上構成比」を「％（パーセント）」で表示しましょう。

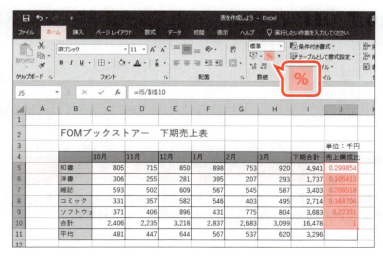

①セル範囲【J5：J10】を選択します。
②《ホーム》タブを選択します。
③《数値》グループの ％ （パーセントスタイル）をクリックします。

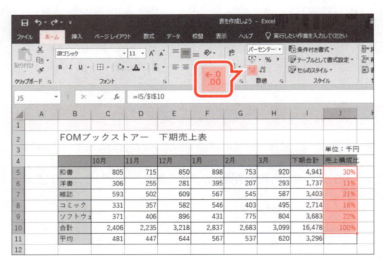

%で表示されます。

※「売上構成比」の小数点以下は四捨五入され、整数で表示されます。

3 小数点以下の桁数の表示

（小数点以下の表示桁数を増やす）や（小数点以下の表示桁数を減らす）を使うと、小数点以下の桁数の表示を変更できます。

● （小数点以下の表示桁数を増やす）

クリックするたびに、小数点以下が1桁ずつ表示されます。

● （小数点以下の表示桁数を減らす）

クリックするたびに、小数点以下が1桁ずつ非表示になります。

「売上構成比」の小数点以下の表示桁数を変更し、小数第1位まで表示しましょう。

①セル範囲【J5：J10】を選択します。
②《ホーム》タブを選択します。
③《数値》グループの（小数点以下の表示桁数を増やす）をクリックします。

小数第1位まで表示されます。
※小数第2位が自動的に四捨五入されます。

POINT 表示形式の解除

3桁区切りカンマ、パーセント、小数点以下の表示などの表示形式を解除する方法は、次のとおりです。
◆セル範囲を選択→《ホーム》タブ→《数値》グループの パーセンテー （数値の書式）の →《標準》

5 セル内の配置の設定

データを入力すると、文字列はセル内で左揃え、数値はセル内で右揃えの状態で表示されます。≡（左揃え）、≡（中央揃え）、≡（右揃え）を使うと、データの配置を変更できます。

1 中央揃え

4行目の項目名をセル内で中央揃えにしましょう。

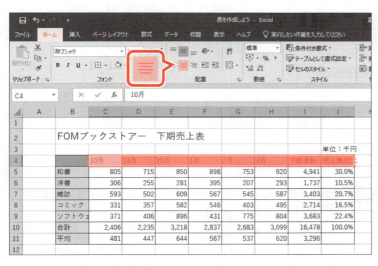

①セル範囲【C4:J4】を選択します。
②《ホーム》タブを選択します。
③《配置》グループの ≡（中央揃え）をクリックします。

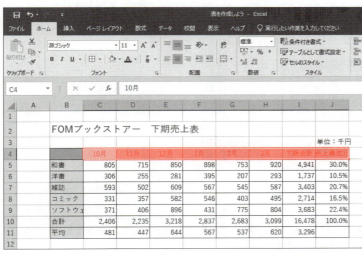

項目名がセル内で中央揃えになります。
※ボタンが濃い灰色になります。

> **POINT 中央揃えの解除**
>
> 中央揃えを解除するには、セル範囲を選択し、≡（中央揃え）を再度クリックします。
> ボタンが標準の色に戻ります。

> **STEP UP 垂直方向の配置**
>
> データの垂直方向の配置を設定するには、≡（上揃え）、≡（上下中央揃え）、≡（下揃え）を使います。行の高さを大きくした場合やセルを結合して縦方向に拡張したときに使います。

2 セルを結合して中央揃え

■（セルを結合して中央揃え）を使うと、セルを結合して、文字列を結合したセルの中央に配置できます。
セル範囲【B2:J2】を結合し、結合したセルの中央にタイトルを配置しましょう。

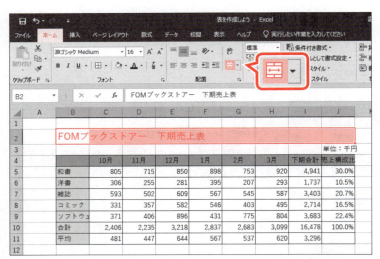

① セル範囲【B2:J2】を選択します。
② 《ホーム》タブを選択します。
③ 《配置》グループの ■（セルを結合して中央揃え）をクリックします。

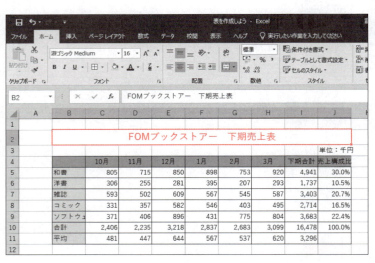

セルが結合され、文字列が結合したセルの中央に配置されます。
※ ■（中央揃え）と ■（セルを結合して中央揃え）の各ボタンが濃い灰色になります。

STEP UP セルの結合

セルを結合するだけで中央揃えは設定しない場合、■▼（セルを結合して中央揃え）の▼をクリックし、一覧から《セルの結合》を選択します。

POINT セルの結合の解除

セルの結合を解除するには、セル範囲を選択し、■（セルを結合して中央揃え）を再度クリックします。ボタンが標準の色に戻ります。

Step 5 表の行や列を操作する

1 列の幅の変更

列の幅は、自由に変更できます。初期の設定で、列の幅は8.38文字分になっています。
C～H列の列の幅を6文字分に、A列の列の幅を2文字分に変更しましょう。

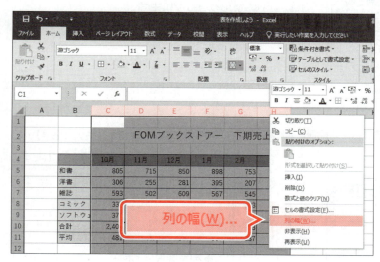

①列番号【C】から列番号【H】をドラッグします。
列が選択されます。
②選択した列を右クリックします。
ショートカットメニューが表示されます。
③《列の幅》をクリックします。

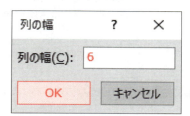

《列の幅》ダイアログボックスが表示されます。
④《列の幅》に「6」と入力します。
⑤《OK》をクリックします。

列の幅が「6」に変更されます。
⑥同様に、A列の列の幅を「2」に変更します。
※列の選択を解除して確認しましょう。

> **STEP UP** その他の方法（列の幅の変更）
>
> ◆列を選択→《ホーム》タブ→《セル》グループの 書式 （書式）→《列の幅》
>
> ◆列番号の右側の境界線をポイント→マウスポインターの形が ✣ に変わったら、ドラッグ

> **STEP UP** 行の高さの変更
>
> 行の高さは、行内の文字の大きさなどによって自動的に変わります。
> 行の高さを変更する方法は、次のとおりです。
> ◆行番号を右クリック→《行の高さ》

> **STEP UP** 列の幅や行の高さの確認
>
> 列の幅や行の高さは、列番号の右側の境界線や行番号の下側の境界線をポイントして、マウスの左ボタンを押したままにすると、ポップヒントに表示されます。

2 列の幅の自動調整

列内の最長のデータに合わせて、列の幅を自動的に調整できます。
B列とJ列の列の幅を自動調整しましょう。

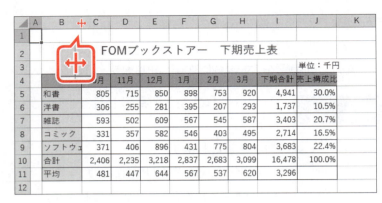

①列番号【B】の右側の境界線をポイントします。
マウスポインターの形が ✥ に変わります。
②ダブルクリックします。

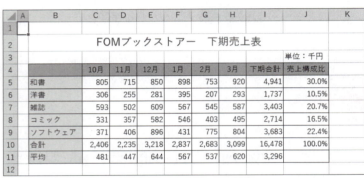

最長のデータ「ソフトウェア」（セル【B9】）に合わせて、列の幅が自動的に調整されます。
③同様に、J列の列の幅を自動調整します。

STEP UP その他の方法（列の幅の自動調整）

◆列を選択→《ホーム》タブ→《セル》グループの (書式)→《列の幅の自動調整》

STEP UP 文字列全体の表示

列の幅より長い文字列をセル内に表示する方法には、次のような方法があります。

折り返して全体を表示する

列の幅を変更せずに、文字列を折り返して全体を表示します。
◆《ホーム》タブ→《配置》グループの (折り返して全体を表示する)

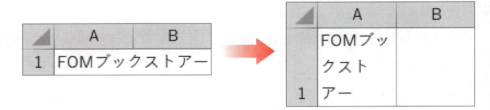

縮小して全体を表示する

列の幅を変更せずに、文字列を縮小して全体を表示します。
◆《ホーム》タブ→《配置》グループの (配置の設定)→《配置》タブ→《☑縮小して全体を表示する》

STEP UP 文字列の強制改行

セル内の文字列を強制的に改行するには、改行する位置にカーソルを表示して、Alt + Enter を押します。

3 行の挿入

表を作成したあとに、項目を追加する場合は、表内に新しい行や列を挿入できます。
8行目と9行目の間に1行挿入しましょう。

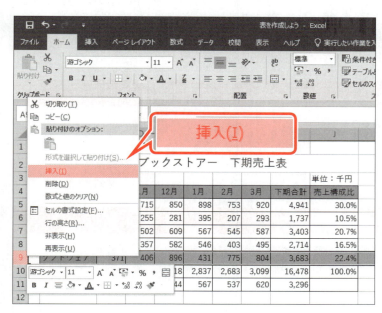

①行番号【9】を右クリックします。
9行目が選択され、ショートカットメニューが表示されます。
②《挿入》をクリックします。

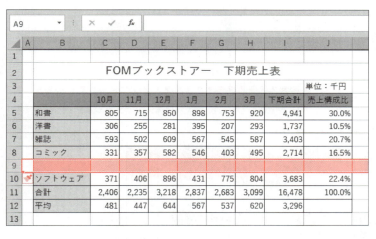

行が挿入され、 が表示されます。

③挿入した行に、次のデータを入力します。

| セル【B9】：DVD |
| セル【C9】：116 |
| セル【D9】：201 |
| セル【E9】：98 |
| セル【F9】：105 |
| セル【G9】：113 |
| セル【H9】：198 |

※「下期合計」「売上構成比」には自動的に計算結果が表示されます。
※「合計」「平均」の数式は自動的に再計算されます。

> **STEP UP** その他の方法（行の挿入）
>
> ◆行を選択→《ホーム》タブ→《セル》グループの 挿入 (セルの挿入)

STEP UP 挿入オプション

表内に行を挿入すると、上の行と同じ書式が自動的に適用されます。
行を挿入した直後に表示される （挿入オプション）を使うと、書式をクリアしたり、下の行の書式を適用したりできます。

- 上と同じ書式を適用(A)
- 下と同じ書式を適用(B)
- 書式のクリア(C)

POINT 行の削除

行は必要に応じて、あとから削除できます。
行を削除する方法は、次のとおりです。
◆行番号を右クリック→《削除》

POINT 列の挿入・削除

行と同じように、列も挿入したり削除したりできます。

列の挿入
◆列番号を右クリック→《挿入》

列の削除
◆列番号を右クリック→《削除》

Let's Try ためしてみよう

セル【J3】の「単位：千円」を右揃えに設定しましょう。

	A	B	C	D	E	F	G	H	I	J	K
1											
2				FOMブックストアー　下期売上表							
3										単位：千円	
4			10月	11月	12月	1月	2月	3月	下期合計	売上構成比	
5		和書	805	715	850	898	753	920	4,941	28.5%	
6		洋書	306	255	281	395	207	293	1,737	10.0%	
7		雑誌	593	502	609	567	545	587	3,403	19.7%	
8		コミック	331	357	582	546	403	495	2,714	15.7%	
9		DVD	116	201	98	105	113	198	831	4.8%	
10		ソフトウェア	371	406	896	431	775	804	3,683	21.3%	
11		合計	2,522	2,436	3,316	2,942	2,796	3,297	17,309	100.0%	
12		平均	420	406	553	490	466	550	2,885		
13											

① セル【J3】をクリック
② 《ホーム》タブを選択
③ 《配置》グループの ≡（右揃え）をクリック

Step 6 表を印刷する

1 印刷の手順

作成した表を印刷する手順は、次のとおりです。

1 印刷イメージの確認

画面で印刷イメージを確認します。

2 印刷

印刷を実行し、用紙に表を印刷します。

2 印刷イメージの確認

表が用紙に収まるかどうかなど、印刷する前に、表の印刷イメージを確認しましょう。

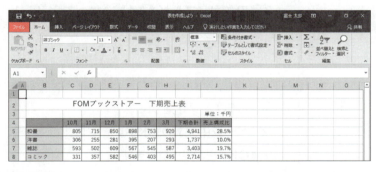

①《ファイル》タブを選択します。

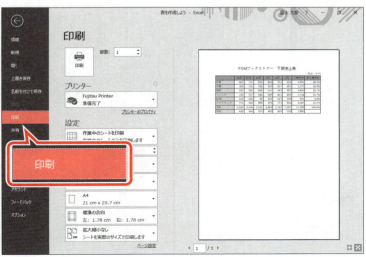

②《印刷》をクリックします。
③印刷イメージを確認します。

3 ページ設定

印刷イメージでレイアウトが整っていない場合、「**ページ設定**」を使って、ページのレイアウトを調整します。次のようにページのレイアウトを設定しましょう。

```
印刷の向き ：横
拡大/縮小  ：140%
用紙サイズ ：A4
ページ中央 ：水平
```

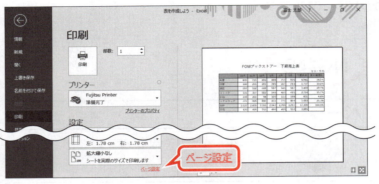

①《ページ設定》をクリックします。
※表示されていない場合は、スクロールして調整します。

《ページ設定》ダイアログボックスが表示されます。
②《ページ》タブを選択します。
③《印刷の向き》の《横》を ⦿ にします。
④《拡大縮小印刷》の《拡大/縮小》を「140」%に設定します。
⑤《用紙サイズ》が《A4》になっていることを確認します。

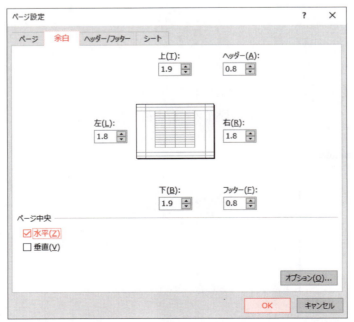

⑥《余白》タブを選択します。
⑦《ページ中央》の《水平》を ☑ にします。
⑧《OK》をクリックします。

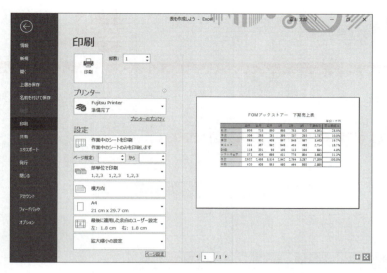

⑨印刷イメージが変更されていることを確認します。

ページ設定の保存

ブックを保存すると、ページ設定の内容も含めて保存されます。

4 印刷

表を1部印刷しましょう。

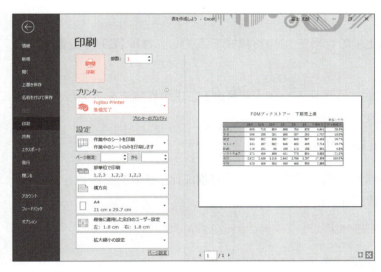

①《部数》が「1」になっていることを確認します。

②《プリンター》に出力するプリンターの名前が表示されていることを確認します。

※表示されていない場合は、 をクリックし、一覧から選択します。

③《印刷》をクリックします。

※ブックに「表を作成しよう完成」と名前を付けて、フォルダー「第7章」に保存し、閉じておきましょう。

練習問題

 解答 ▶ P.6

完成図のような表を作成しましょう。

 フォルダー「第7章」のブック「第7章練習問題」を開いておきましょう。

●完成図

	A	B	C	D	E	F	G	H
1								
2		得意先別売上表						
3								
4		得意先No.	得意先名	前月売上	当月売上	前月比	当月構成比	
5		1001	株式会社比呂企画	1,175,500	1,097,800	93%	23%	
6		1002	KIKUCHI電器株式会社	1,365,890	1,002,320	73%	21%	
7		1003	鶴見ゼネラル株式会社	104,960	236,980	226%	5%	
8		1004	ミノダ電器株式会社	579,080	687,940	119%	14%	
9		1005	株式会社野々村システム	801,030	780,180	97%	16%	
10		1006	株式会社吉村研究所	705,060	986,400	140%	21%	
11		合計		4,731,520	4,791,620	101%	100%	
12								

① セル【B2】のフォントサイズを「16」ポイントに変更しましょう。

② C～G列の列の幅を、最長のデータに合わせて自動調整しましょう。次に、A列の列の幅を2文字分に変更しましょう。

③ セル【D11】に「前月売上」の合計を求める数式を入力し、セル【E11】に数式をコピーしましょう。

④ セル【F5】に前月売上に対する当月売上の「**前月比**」を求める数式を入力し、セル範囲【F6:F11】に数式をコピーしましょう。

Hint! 「前月比」は「当月売上÷前月売上」で求めます。

⑤ セル【G5】に当月売上合計に対する得意先の「**当月構成比**」を求める数式を入力し、セル範囲【G6:G11】に数式をコピーしましょう。

Hint! 「当月構成比」は「得意先の当月売上÷当月売上合計」で求めます。

⑥ セル範囲【D5:E11】に3桁区切りカンマを付けましょう。

⑦ セル範囲【F5:G11】を「％（パーセント）」で表示しましょう。

⑧ セル範囲【B4:G11】に格子の罅線を引きましょう。

⑨ セル範囲【B4:G4】に次の書式を設定しましょう。

塗りつぶしの色：ゴールド、アクセント4、白+基本色40%
中央揃え

⑩ セル範囲【B11:C11】を結合し、結合したセルの中央に文字列を配置しましょう。

※ブックに「第7章練習問題完成」と名前を付けて、フォルダー「第7章」に保存し、閉じておきましょう。

第8章

グラフを作成しよう
Excel 2019

Check	この章で学ぶこと	157
Step1	作成するグラフを確認する	158
Step2	グラフ機能の概要	159
Step3	円グラフを作成する	160
Step4	縦棒グラフを作成する	170
練習問題		181

第8章 この章で学ぶこと

学習前に習得すべきポイントを理解しておき、
学習後には確実に習得できたかどうかを振り返りましょう。

1	グラフの作成手順を説明できる。	➡ P.159
2	円グラフを作成できる。	➡ P.160
3	グラフタイトルを入力できる。	➡ P.163
4	グラフの位置やサイズを調整できる。	➡ P.164
5	グラフにスタイルを適用して、グラフ全体のデザインを変更できる。	➡ P.166
6	円グラフから要素を切り離して強調できる。	➡ P.167
7	縦棒グラフを作成できる。	➡ P.170
8	グラフの場所を変更できる。	➡ P.173
9	グラフに必要な要素を、個別に配置できる。	➡ P.174
10	グラフの要素に対して、書式を設定できる。	➡ P.175
11	グラフフィルターを使って、グラフのデータ系列を絞り込むことができる。	➡ P.179

Step 1 作成するグラフを確認する

1 作成するグラフの確認

次のようなグラフを作成しましょう。

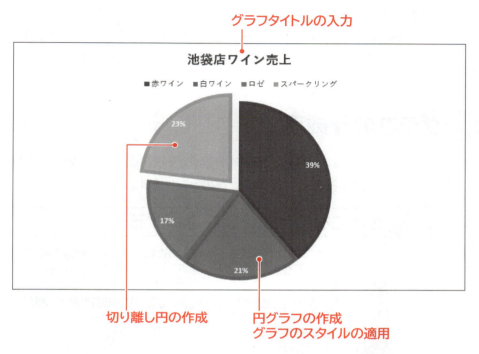

グラフタイトルの入力
切り離し円の作成
円グラフの作成
グラフのスタイルの適用

軸ラベルの表示・書式設定

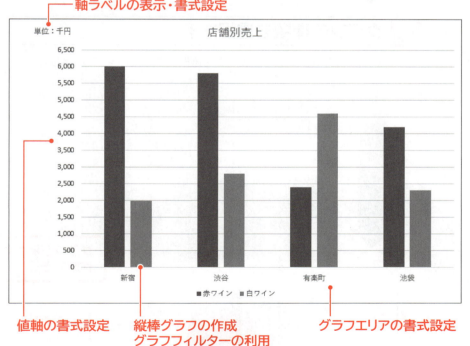

値軸の書式設定
縦棒グラフの作成
グラフフィルターの利用
グラフエリアの書式設定

Step2 グラフ機能の概要

1 グラフ機能

表のデータをもとに、簡単にグラフを作成できます。グラフはデータを視覚的に表現できるため、データを比較したり傾向を分析したりするのに適しています。
Excelには、縦棒・横棒・折れ線・円などの基本のグラフが用意されています。さらに、基本の各グラフには、形状をアレンジしたパターンが複数用意されています。

2 グラフの作成手順

グラフのもとになるセル範囲とグラフの種類を選択するだけで、グラフは簡単に作成できます。
グラフを作成する基本的な手順は、次のとおりです。

1 もとになるセル範囲を選択する

グラフのもとになるデータが入力されているセル範囲を選択します。

2 グラフの種類を選択する

グラフの種類・パターンを選択して、グラフを作成します。

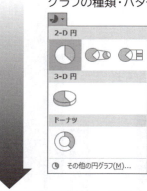

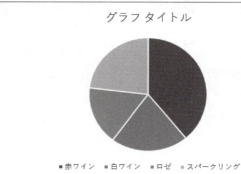

> グラフが簡単に作成できる

Step3 円グラフを作成する

1 円グラフの作成

「円グラフ」は、全体に対して各項目がどれくらいの割合を占めるかを表現するときに使います。
円グラフを作成しましょう。

1 セル範囲の選択

グラフを作成する場合、まず、グラフのもとになるセル範囲を選択します。
円グラフの場合、次のようにセル範囲を選択します。

●「池袋」の売上を表す円グラフを作成する場合

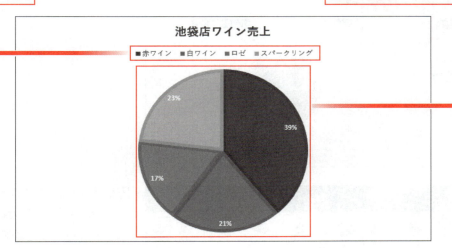

	新宿	渋谷	有楽町	池袋	合計
赤ワイン	6,000	5,800	2,400	4,200	18,400
白ワイン	2,000	2,800	4,600	2,300	11,700
ロゼ	4,600	3,400	2,100	1,800	11,900
スパークリング	4,400	2,600	1,800	2,500	11,300
合計	17,000	14,600	10,900	10,800	53,300

扇形の割合を説明する項目

扇形の割合のもとになる数値

160

2 円グラフの作成

表のデータをもとに、「池袋店の売上構成比」を表す円グラフを作成しましょう。

 フォルダー「第8章」のブック「グラフを作成しよう」を開いておきましょう。

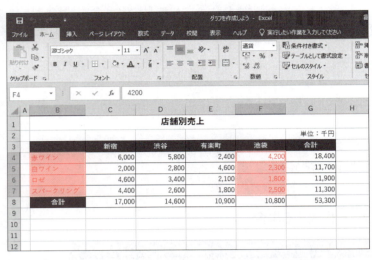

①セル範囲【B4：B7】を選択します。
②　Ctrl　を押しながら、セル範囲【F4：F7】を選択します。

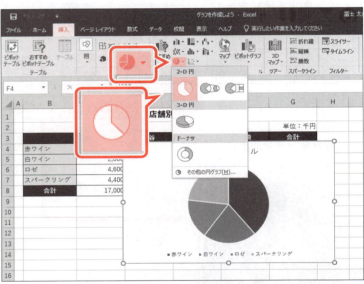

③《挿入》タブを選択します。
④《グラフ》グループの (円またはドーナツグラフの挿入) をクリックします。
⑤《2-D円》の《円》をクリックします。

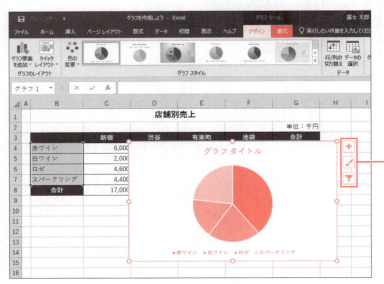

円グラフが作成されます。
グラフの右側に「ショートカットツール」が表示され、リボンに《グラフツール》の《デザイン》タブと《書式》タブが表示されます。

ショートカットツール

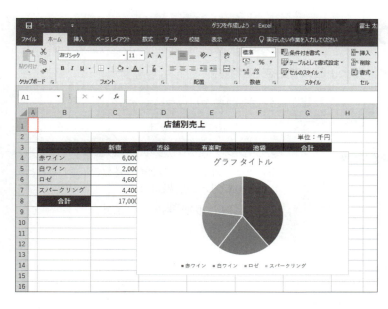

グラフが選択されている状態になっているので、選択を解除します。

⑥任意のセルをクリックします。

グラフの選択が解除されます。

POINT 《グラフツール》の《デザイン》タブと《書式》タブ

グラフを選択すると、リボンに《グラフツール》の《デザイン》タブと《書式》タブが表示され、グラフに関するコマンドが使用できる状態になります。

POINT 円グラフの構成要素

円グラフを構成する要素は、次のとおりです。

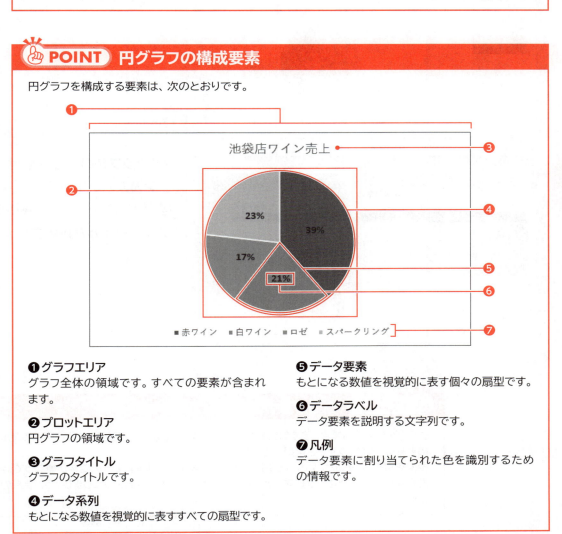

❶グラフエリア
グラフ全体の領域です。すべての要素が含まれます。

❷プロットエリア
円グラフの領域です。

❸グラフタイトル
グラフのタイトルです。

❹データ系列
もとになる数値を視覚的に表すすべての扇型です。

❺データ要素
もとになる数値を視覚的に表す個々の扇型です。

❻データラベル
データ要素を説明する文字列です。

❼凡例
データ要素に割り当てられた色を識別するための情報です。

2 グラフタイトルの入力

グラフタイトルに「**池袋店ワイン売上**」と入力しましょう。

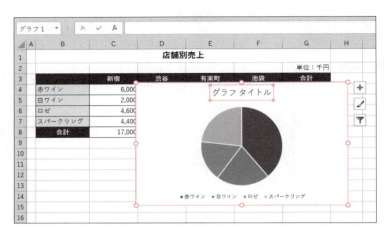

① グラフをクリックします。
グラフが選択されます。
② グラフタイトルをクリックします。
※ポップヒントに《グラフタイトル》と表示されることを確認してクリックしましょう。
グラフタイトルが選択されます。

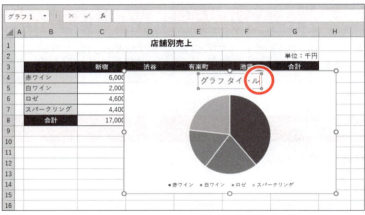

③ グラフタイトルを再度クリックします。
グラフタイトルが編集状態になり、カーソルが表示されます。

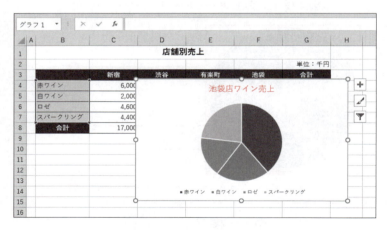

④「**グラフタイトル**」を削除し、「**池袋店ワイン売上**」と入力します。
⑤ グラフタイトル以外の場所をクリックします。
グラフタイトルが確定されます。

POINT　グラフ要素の選択

グラフを編集する場合、まず対象となる要素を選択し、次にその要素に対して処理を行います。グラフ上の要素は、クリックすると選択できます。
要素をポイントすると、ポップヒントに要素名が表示されます。複数の要素が重なっている箇所や要素の面積が小さい箇所は、選択するときにポップヒントで確認するようにしましょう。要素の選択ミスを防ぐことができます。

3 グラフの移動とサイズ変更

グラフは、作成後に位置やサイズを調整できます。
グラフの位置とサイズを調整しましょう。

1 グラフの移動

表と重ならないように、グラフをシート上の適切な位置に移動しましょう。

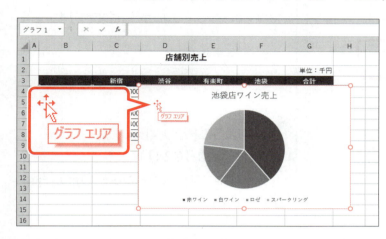

① グラフを選択します。
② グラフエリアをポイントします。
マウスポインターの形が に変わります。
③ ポップヒントに《グラフエリア》と表示されていることを確認します。
※ポップヒントに《プロットエリア》や《系列1》など《グラフエリア》以外が表示されている状態では正しく移動できません。

④ 図のようにドラッグします。
　（目安：セル【B10】）
ドラッグ中、マウスポインターの形が に変わります。

グラフが移動します。

164

2 グラフのサイズ変更

グラフのサイズを変更しましょう。

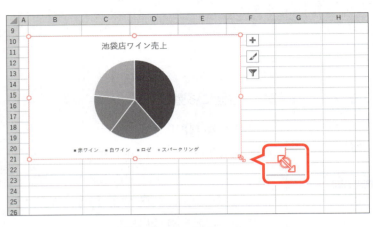

① グラフが選択されていることを確認します。
※グラフがすべて表示されていない場合は、スクロールして調整します。
② グラフエリアの右下の○（ハンドル）をポイントします。
マウスポインターの形が に変わります。

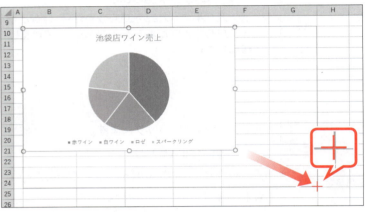

③ 図のようにドラッグします。
（目安：セル【G24】）
ドラッグ中、マウスポインターの形が ＋ に変わります。

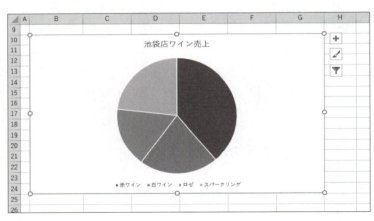

グラフのサイズが変更されます。

POINT　グラフの配置

{Alt}を押しながら、グラフの移動やサイズ変更を行うと、セルの枠線に合わせて配置されます。

4　グラフのスタイルの適用

グラフには、グラフ要素の配置や背景の色、効果などの組み合わせが「**スタイル**」として用意されています。一覧から選択するだけで、グラフ全体のデザインを変更できます。
円グラフにスタイル「**スタイル8**」を適用しましょう。
※設定する項目名が一覧にない場合は、任意の項目を選択してください。

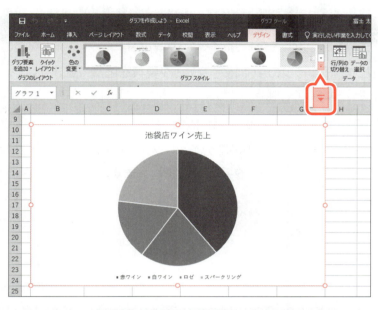

①グラフを選択します。

②《**デザイン**》タブを選択します。

③《**グラフスタイル**》グループの ▼（その他）をクリックします。

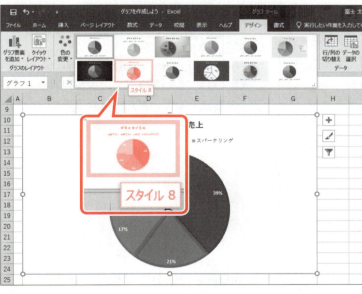

グラフのスタイルが一覧で表示されます。

④《**スタイル8**》をクリックします。

※一覧のスタイルをポイントすると、設定後のイメージを確認できます。

グラフのスタイルが適用されます。

STEP UP　その他の方法（グラフのスタイルの適用）

◆グラフを選択→ショートカットツールの ✏（グラフスタイル）→《スタイル》→一覧から選択

STEP UP グラフの色の変更

グラフには、データ要素ごとの配色がいくつか用意されています。この配色を使うと、グラフの色を瞬時に変更できます。
グラフの色を変更する方法は、次のとおりです。

◆グラフを選択→《デザイン》タブ→《グラフスタイル》グループの （グラフクイックカラー）
◆グラフを選択→ショートカットツールの ✏（グラフスタイル）→《色》→一覧から選択

5 切り離し円の作成

円グラフの一部を切り離すことで、円グラフの中で特定のデータ要素を強調できます。
データ要素「**スパークリング**」を切り離して、強調しましょう。

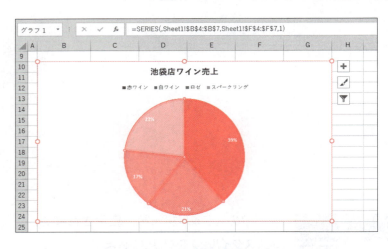

①グラフを選択します。
②円の部分をクリックします。
データ系列が選択されます。

③図の扇型の部分をクリックします。
※ポップヒントに《系列1　要素"スパークリング"…》と表示されることを確認してクリックしましょう。
データ要素「**スパークリング**」が選択されます。

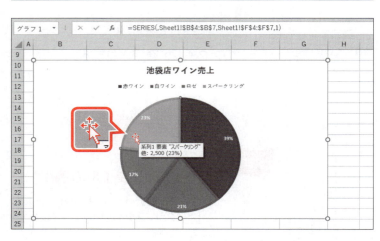

④図の扇形の部分をポイントします。
マウスポインターの形が ✥ に変わります。

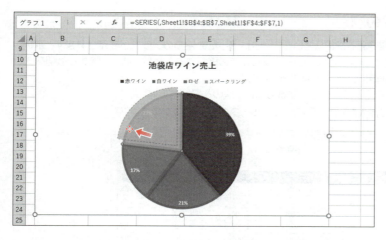

⑤図のように円の外側にドラッグします。
ドラッグ中、マウスポインターの形が✥に変わります。

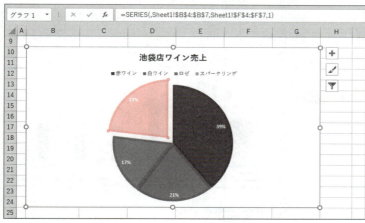

データ要素「**スパークリング**」が切り離されます。

👉POINT　データ要素の選択

円グラフの円の部分をクリックすると、データ系列が選択されます。続けて、円の中の扇型をクリックすると、データ系列の中のデータ要素がひとつだけ選択されます。

👉POINT　グラフの更新・印刷・削除

グラフの更新
グラフは、もとになるセル範囲と連動しています。もとになるデータを変更すると、グラフも自動的に更新されます。

グラフの印刷
グラフを選択した状態で印刷を実行すると、グラフだけが用紙いっぱいに印刷されます。
セルを選択した状態で印刷を実行すると、シート上の表とグラフが印刷されます。

グラフの削除
シート上に作成したグラフを削除するには、グラフを選択して Delete を押します。

STEP UP おすすめグラフの利用

「おすすめグラフ」を使うと、選択しているデータに適した数種類のグラフが表示されます。選択したデータでどのようなグラフを作成できるかあらかじめ確認することができ、一覧から適切なグラフを選択するだけで簡単にグラフを作成できます。
おすすめグラフを使って、グラフを作成する方法は、次のとおりです。

◆セル範囲を選択→《挿入》タブ→《グラフ》グループの 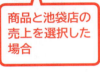（おすすめグラフ）

商品と池袋店の売上を選択した場合

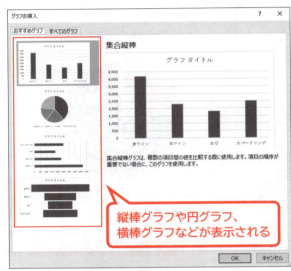

縦棒グラフや円グラフ、横棒グラフなどが表示される

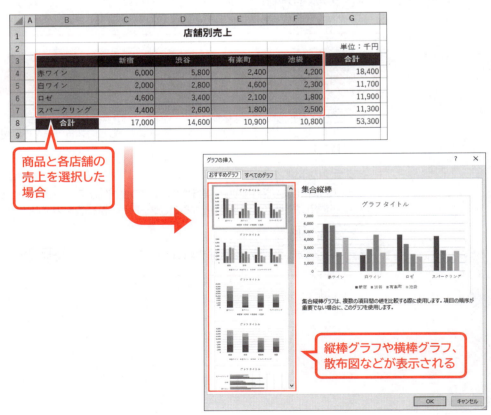

商品と各店舗の売上を選択した場合

縦棒グラフや横棒グラフ、散布図などが表示される

Step4 縦棒グラフを作成する

1 縦棒グラフの作成

「**縦棒グラフ**」は、ある期間におけるデータの推移を大小関係で表現するときに使います。
縦棒グラフを作成しましょう。

1 セル範囲の選択

グラフを作成する場合、まず、グラフのもとになるセル範囲を選択します。
縦棒グラフの場合、次のようにセル範囲を選択します。

●縦棒の種類がひとつの場合

●縦棒の種類が複数の場合

2 縦棒グラフの作成

表のデータをもとに、「**店舗別の売上**」を表す縦棒グラフを作成しましょう。

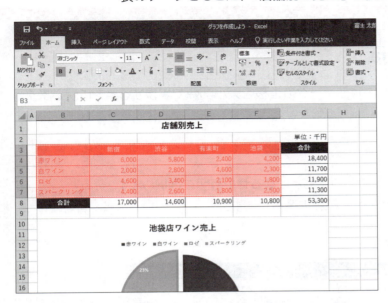

①セル範囲【B3:F7】を選択します。

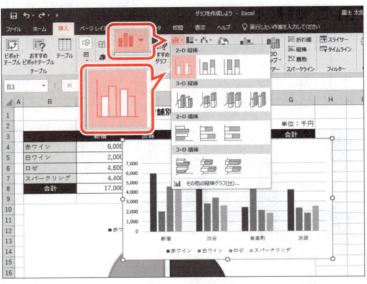

②《**挿入**》タブを選択します。
③《**グラフ**》グループの （縦棒/横棒グラフの挿入）をクリックします。
④《**2-D縦棒**》の《**集合縦棒**》をクリックします。

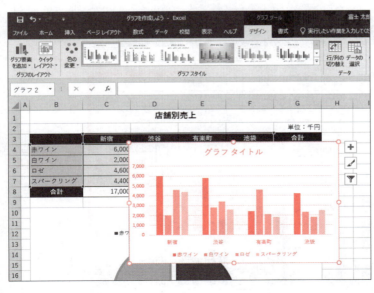

縦棒グラフが作成されます。

POINT 縦棒グラフの構成要素

縦棒グラフを構成する要素は、次のとおりです。

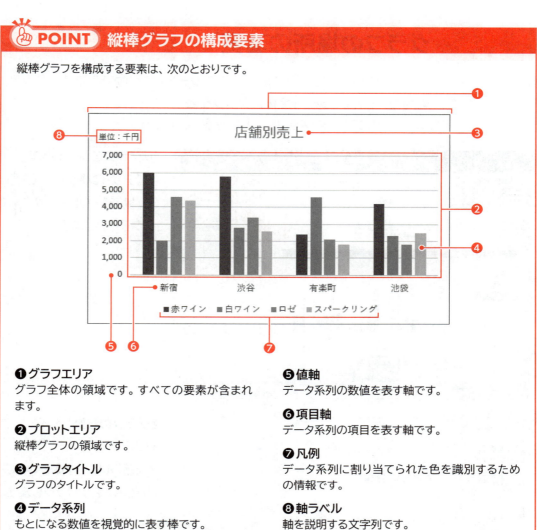

❶ **グラフエリア**
グラフ全体の領域です。すべての要素が含まれます。

❷ **プロットエリア**
縦棒グラフの領域です。

❸ **グラフタイトル**
グラフのタイトルです。

❹ **データ系列**
もとになる数値を視覚的に表す棒です。

❺ **値軸**
データ系列の数値を表す軸です。

❻ **項目軸**
データ系列の項目を表す軸です。

❼ **凡例**
データ系列に割り当てられた色を識別するための情報です。

❽ **軸ラベル**
軸を説明する文字列です。

Let's Try ためしてみよう

グラフタイトルに「店舗別売上」と入力しましょう。

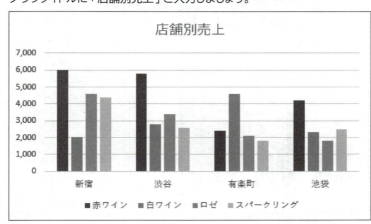

Let's Try Answer

① グラフを選択
② グラフタイトルをクリック
③ グラフタイトルを再度クリック
④ 「グラフタイトル」を削除し、「店舗別売上」と入力
※グラフタイトル以外の場所をクリックし、選択を解除しておきましょう。

2 グラフの場所の変更

シート上に作成したグラフを、**「グラフシート」**に移動できます。グラフシートとは、グラフ専用のシートで、シート全体にグラフを表示します。
シート上のグラフをグラフシートに移動しましょう。

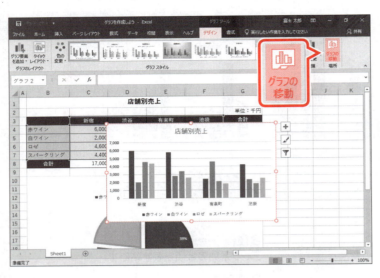

①グラフを選択します。
②《デザイン》タブを選択します。
③《場所》グループの ![ ] （グラフの移動）をクリックします。

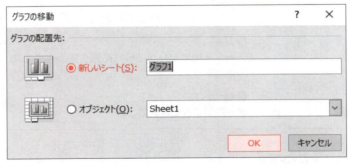

《グラフの移動》ダイアログボックスが表示されます。
④《新しいシート》を◉にします。
⑤《OK》をクリックします。

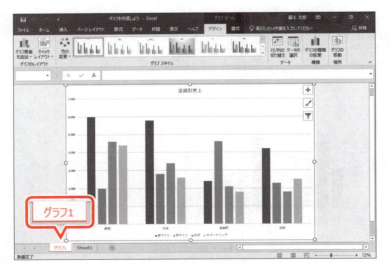

シート**「グラフ1」**が挿入され、グラフの場所が移動します。

> **STEP UP** その他の方法（グラフの場所の変更）
> ◆グラフエリアを右クリック→《グラフの移動》

3 グラフ要素の表示

グラフに、必要な情報が表示されていない場合は、グラフ要素を追加します。
値軸の軸ラベルを表示しましょう。

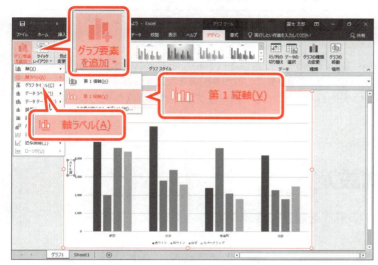

①グラフを選択します。
②《デザイン》タブを選択します。
③《グラフのレイアウト》グループの (グラフ要素を追加)をクリックします。
④《軸ラベル》をポイントします。
⑤《第1縦軸》をクリックします。

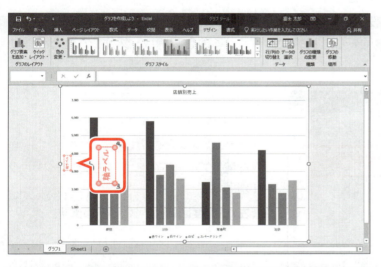

軸ラベルが表示されます。
⑥軸ラベルが選択されていることを確認します。

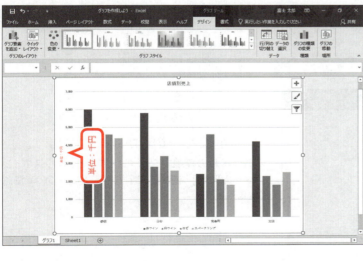

⑦軸ラベルをクリックします。
軸ラベルが編集状態になり、カーソルが表示されます。
⑧「**軸ラベル**」を削除し、「**単位:千円**」と入力します。
⑨軸ラベル以外の場所をクリックします。
軸ラベルが確定されます。

STEP UP その他の方法（軸ラベルの表示）

◆グラフを選択→ショートカットツールの ＋ (グラフ要素)→《☑軸ラベル》→▶をクリック→《☑第1縦軸》／《☑第1横軸》

POINT　グラフ要素の非表示

グラフ要素を非表示にする方法は、次のとおりです。
◆グラフを選択→《デザイン》タブ→《グラフのレイアウト》グループの ■ （グラフ要素を追加）→グラフ要素名をポイント→非表示にしたいグラフ要素を選択／《なし》

STEP UP　グラフのレイアウトの設定

グラフには、あらかじめいくつかのレイアウトが用意されており、それぞれ表示される要素やその配置が異なります。レイアウトを使って、グラフ要素の表示や配置を設定する方法は、次のとおりです。
◆グラフを選択→《デザイン》タブ→《グラフのレイアウト》グループの ■ （クイックレイアウト）→一覧から選択

4　グラフ要素の書式設定

グラフの各要素に対して、個々に書式を設定できます。

1　軸ラベルの書式設定

値軸の軸ラベルは、初期の設定で、左に90度回転した状態で表示されます。
値軸の軸ラベルが左に90度回転した状態になっているのを解除し、グラフの左上に移動しましょう。

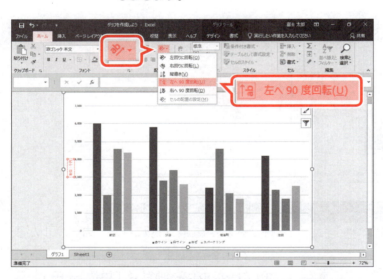

①軸ラベルをクリックします。
軸ラベルが選択されます。
②《ホーム》タブを選択します。
③《配置》グループの ■ （方向）をクリックします。
④《左へ90度回転》をクリックします。

軸ラベルが横書きに変更されます。
⑤軸ラベルの枠線をポイントします。
マウスポインターの形が ⊹ に変わります。
※軸ラベルの枠線内をポイントすると、マウスポインターの形が I になり、文字列の選択になるので注意しましょう。

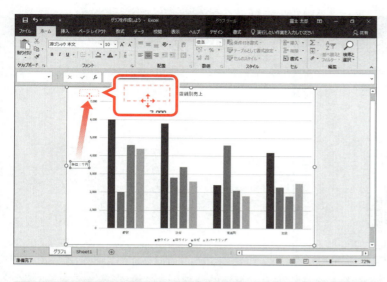

⑥図のように、軸ラベルの枠線をドラッグします。
ドラッグ中、マウスポインターの形が ✥ に変わります。

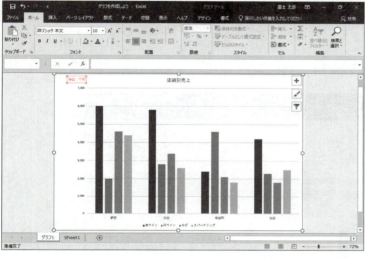

軸ラベルが移動します。

2 グラフエリアの書式設定

グラフエリアのフォントサイズを「12」ポイントに変更しましょう。
グラフエリアのフォントサイズを変更すると、グラフエリア内の凡例や軸ラベルなどのフォントサイズが変更されます。

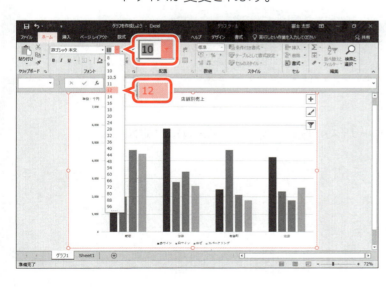

①グラフエリアをクリックします。
グラフエリアが選択されます。
②《ホーム》タブを選択します。
③《フォント》グループの 10 （フォントサイズ）の をクリックし、一覧から《12》を選択します。

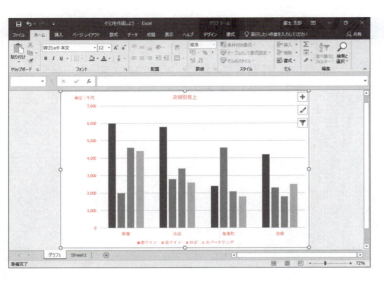

グラフエリアのフォントサイズが変更されます。

Let's Try ためしてみよう

グラフタイトルのフォントサイズを「18」ポイントに変更しましょう。

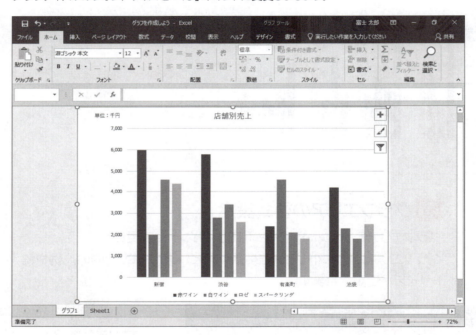

Let's Try Answer

① グラフタイトルをクリック
②《ホーム》タブを選択
③《フォント》グループの  （フォントサイズ）の ▼ をクリックし、一覧から《18》を選択

3 値軸の書式設定

値軸の目盛間隔を500単位に変更しましょう。

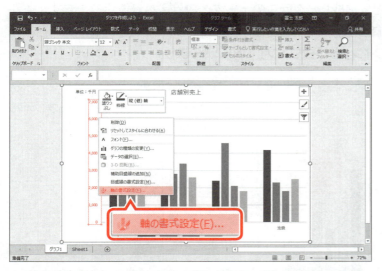

①値軸を右クリックします。
②《軸の書式設定》をクリックします。

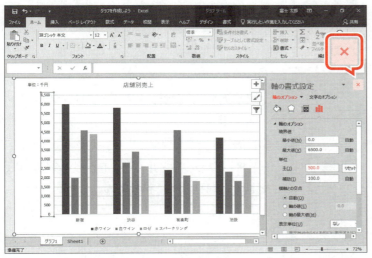

《軸の書式設定》作業ウィンドウが表示されます。
③《軸のオプション》をクリックします。
④ ▮▮ （軸のオプション）をクリックします。
⑤《単位》の《主》に「500」と入力します。
⑥ Enter を押します。
目盛間隔が500単位になります。
⑦ × （閉じる）をクリックします。

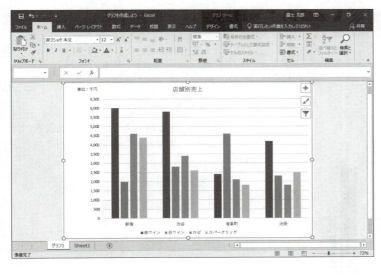

《軸の書式設定》作業ウィンドウが閉じられます。
※値軸以外の場所をクリックし、選択を解除しておきましょう。

> **STEP UP** その他の方法（グラフ要素の書式設定）
>
> ◆グラフ要素を選択→《書式》タブ→《現在の選択範囲》グループの 選択対象の書式設定 （選択対象の書式設定）
> ◆グラフ要素をダブルクリック

178

5 グラフフィルターの利用

「グラフフィルター」を使うと、作成したグラフのデータを絞り込んで表示できます。条件に合わないデータは一時的に非表示になります。
グラフのデータ系列を「赤ワイン」と「白ワイン」に絞り込みましょう。

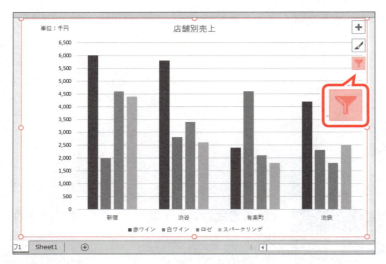

①グラフを選択します。
②ショートカットツールの ▼ （グラフフィルター）をクリックします。

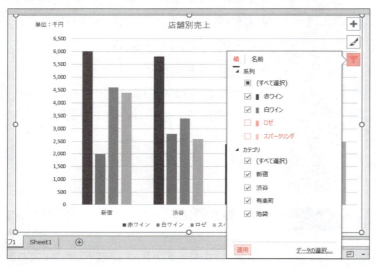

③《値》をクリックします。
④《系列》の「ロゼ」「スパークリング」を □ にします。
⑤《適用》をクリックします。
⑥ ▼ （グラフフィルター）をクリックします。
※ Esc を押してもかまいません。

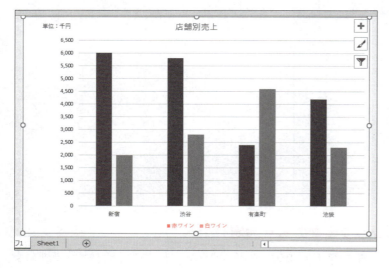

グラフのデータ系列が「赤ワイン」と「白ワイン」に絞り込まれます。
※ブックに「グラフを作成しよう完成」と名前を付けて、フォルダー「第8章」に保存し、閉じておきましょう。

POINT ショートカットツール

グラフを選択すると、グラフの右側に3つのボタンが表示されます。
ボタンの名称と役割は、次のとおりです。

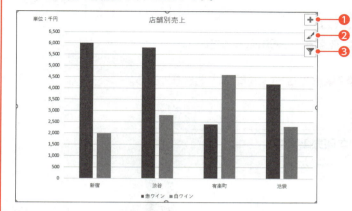

❶ ＋ （グラフ要素）
グラフのタイトルや凡例などのグラフ要素の表示・非表示を切り替えたり、表示位置を変更したりします。

❷ 🖌 （グラフスタイル）
グラフのスタイルや配色を変更します。

❸ ▼ （グラフフィルター）
グラフに表示するデータを絞り込みます。

STEP UP スパークライン

「スパークライン」とは、複数のセルに入力された数値の傾向を視覚的に表現するために、別のセル内に作成する小さなグラフのことです。スパークラインを使うと、月ごとの売上増減や季節ごとの景気循環など、数値の傾向を把握するためのグラフを表内に作成できます。
スパークラインで作成できるグラフの種類は、次のとおりです。

折れ線

時間の経過によるデータの推移を表現します。

A市の年間気温　　　　　　　　　　　　　　　　　　　　　　　単位：℃

月	1月	2月	3月	4月	5月	6月	7月	8月	9月	10月	11月	12月	年間推移
最高気温	6	4	9	16	23	28	34	36	30	24	17	8	
最低気温	-5	-10	4	11	17	19	21	24	17	15	12	1	

縦棒

データの大小関係を表現します。

新聞折込チラシによるWebアクセス効果　　　　　　　　　　　単位：回

日付	4月1日	4月2日	4月3日	4月4日	4月5日	4月6日	4月7日	傾向
商品案内	1,459	1,532	1,323	1,282	1,172	1,314	1,204	
店舗案内	677	623	378	423	254	351	266	
イベント案内	241	198	145	228	241	111	325	

勝敗

数値の正負をもとにデータの勝敗を表現します。

人口増減数（転入－転出）比較　　　　　　　　　　　　　　単位：人

年	2013年	2014年	2015年	2016年	2017年	2018年	増減
A市	364	-89	289	430	367	-36	
B市	339	683	-40	-25	530	451	
C市	350	290	-35	154	-25	235	

スパークラインを作成する方法は、次のとおりです。

◆スパークラインのもとになるセル範囲を選択→《挿入》タブ→《スパークライン》グループの 折れ線 （折れ線スパークライン）／ 縦棒 （縦棒スパークライン）／ 勝敗 （勝敗スパークライン）→《場所の範囲》にスパークラインを作成するセルを指定

練習問題

解答 ▶ P.7

完成図のようなグラフを作成しましょう。
※設定する項目名が一覧にない場合は、任意の項目を選択してください。

フォルダー「第8章」のブック「第8章練習問題」を開いておきましょう。

●完成図

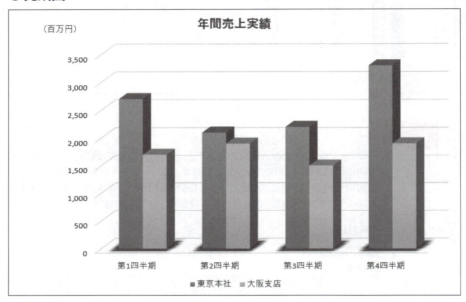

① セル範囲【B4:F8】をもとに、「四半期別売上」を表す3-D集合縦棒グラフを作成しましょう。

② グラフタイトルに「年間売上実績」と入力しましょう。

③ シート上のグラフをグラフシートに移動しましょう。

④ グラフのスタイルを「スタイル11」に変更しましょう。

⑤ グラフの色を「カラフルなパレット4」に変更しましょう。

Hint! 《デザイン》タブ→《グラフスタイル》グループの (グラフクイックカラー) で変更します。

⑥ 値軸の軸ラベルを表示し、軸ラベルを「(百万円)」に変更しましょう。

⑦ 値軸の軸ラベルが左に90度回転した状態になっているのを解除し、グラフの左上に移動しましょう。

⑧ グラフエリアのフォントサイズを「14」ポイントに変更し、グラフタイトルのフォントサイズを「20」ポイントに変更しましょう。

⑨ グラフのデータ系列を「東京本社」と「大阪支店」に絞り込みましょう。

※ブックに「第8章練習問題完成」という名前を付けて、フォルダー「第8章」に保存し、閉じておきましょう。

第9章

データを分析しよう
Excel 2019

Check	この章で学ぶこと	183
Step1	データベース機能の概要	184
Step2	表をテーブルに変換する	186
Step3	データを並べ替える	191
Step4	データを抽出する	194
Step5	条件付き書式を設定する	197
練習問題		201

第9章 この章で学ぶこと

学習前に習得すべきポイントを理解しておき、学習後には確実に習得できたかどうかを振り返りましょう。

1	データベース機能を利用するときの表の構成や、表を作成するときの注意点を説明できる。	➡ P.184
2	テーブルで何ができるかを説明できる。	➡ P.186
3	表をテーブルに変換できる。	➡ P.187
4	テーブルスタイルを適用できる。	➡ P.188
5	テーブルに集計行を表示できる。	➡ P.190
6	テーブルのデータを並べ替えることができる。	➡ P.191
7	複数の条件を組み合わせて、データを並べ替えることができる。	➡ P.192
8	条件を指定して、テーブルからデータを抽出できる。	➡ P.194
9	数値フィルターを使って、データを抽出できる。	➡ P.196
10	条件付き書式を使って、条件に合致するデータを強調できる。	➡ P.198
11	指定したセル範囲内で数値の大小を比較するデータバーを設定できる。	➡ P.199

Step 1 データベース機能の概要

1 データベース機能

住所録や社員名簿、商品台帳、売上台帳などのように関連するデータをまとめたものを**「データベース」**といいます。このデータベースを管理・運用する機能が**「データベース機能」**です。データベース機能を使うと、大量のデータを効率よく管理できます。
データベース機能には、次のようなものがあります。

●並べ替え
指定した基準に従って、データを並べ替えます。

●フィルター
データベースから条件を満たすデータだけを抽出します。

2 データベース用の表

データベース機能を利用するには、表を**「フィールド」**と**「レコード」**から構成されるデータベースにする必要があります。

1 表の構成

データベース用の表では、1件分のデータを横1行で管理します。

No.	開催日	セミナー名	区分	定員	受講者数	受講率
1	2019/1/8	経営者のための経営分析講座	経営	30	30	100.0%
2	2019/1/11	マーケティング講座	経営	30	25	83.3%
3	2019/1/14	初心者のためのインターネット株取引	投資	50	50	100.0%
4	2019/1/15	初心者のための資産運用講座	投資	50	40	80.0%
5	2019/1/21	一般教養攻略講座	就職	40	25	62.5%
6	2019/1/22	人材戦略講座	経営	30	24	80.0%
7	2019/1/25	自己分析・自己表現講座	就職	40	34	85.0%
8	2019/1/28	面接試験突破講座	就職	20	20	100.0%
9	2019/2/11	初心者のためのインターネット株取引	投資	50	50	100.0%
10	2019/2/15	初心者のための資産運用講座	投資	50	42	84.0%
11	2019/2/18	一般教養攻略講座	就職	40	23	57.5%
12	2019/2/19	個人投資家のための為替投資講座	投資	50	30	60.0%
13	2019/2/22	個人投資家のための株式投資講座	投資	50	36	72.0%
14	2019/2/26	個人投資家のための不動産投資講座	投資	50	44	88.0%
15	2019/2/28	自己分析・自己表現講座	就職	40	36	90.0%

❶列見出し（フィールド名）
データを分類する項目名です。

❷フィールド
列単位のデータです。列見出しに対応した同じ種類のデータを入力します。

❸レコード
行単位のデータです。1件分のデータを入力します。

2 表作成時の注意点

データベース用の表を作成するとき、次のような点に注意します。

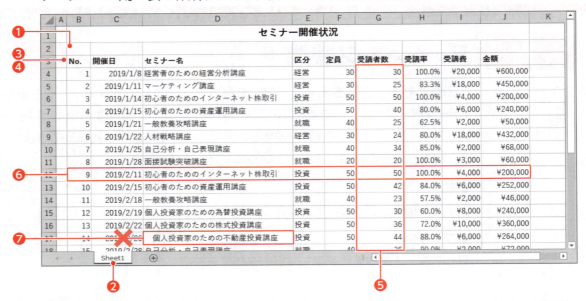

❶ 表に隣接するセルには、データを入力しない

データベースのセル範囲を自動的に認識させるには、表に隣接するセルを空白にしておきます。セル範囲を手動で選択する手間が省けるので、効率的に操作できます。

❷ 1枚のシートにひとつの表を作成する

1枚のシートに複数の表が作成されている場合、一方の抽出結果が、もう一方に影響することがあります。できるだけ、1枚のシートにひとつの表を作成するようにしましょう。

❸ 先頭行は列見出しにする

表の先頭行には、必ず列見出しを入力します。列見出しをもとに、並べ替えやフィルターが実行されます。

❹ 列見出しは異なる書式にする

列見出しは、太字にしたり塗りつぶしの色を設定したりして、レコードと異なる書式にします。先頭行が列見出しであるかレコードであるかは、書式が異なるかどうかによって認識されます。

❺ フィールドには同じ種類のデータを入力する

ひとつのフィールドには、同じ種類のデータを入力します。文字列と数値を混在させないようにしましょう。

❻ 1件分のデータは横1行で入力する

1件分のデータを横1行に入力します。複数行に分けて入力すると、意図したとおりに並べ替えやフィルターが行われません。

❼ セルの先頭に余分な空白は入力しない

セルの先頭に余分な空白を入力してはいけません。余分な空白が入力されていると、意図したとおりに並べ替えやフィルターが行われないことがあります。

STEP UP インデント

セルの先頭を字下げする場合、空白を入力せずにインデントを設定します。インデントを設定しても、実際のデータは変わらないので、並べ替えやフィルターに影響しません。

◆セルを選択→《ホーム》タブ→《配置》グループの （インデントを増やす）

Step2 表をテーブルに変換する

1 テーブル

表を「**テーブル**」に変換すると、書式設定やデータベース管理が簡単に行えるようになります。テーブルには、次のような特長があります。

●見やすい書式をまとめて設定できる

テーブルスタイルが自動的に適用され、罫線や塗りつぶしの色などの書式が設定されます。1行おきに縞模様になるなどデータが見やすくなり、表全体の見栄えが整います。テーブルスタイルはあとから変更することもできます。

●フィルターモードになる

列見出しに▼が表示され「**フィルターモード**」と呼ばれる状態になります。
▼を使うと、並べ替えやフィルターを簡単に実行できます。

●いつでも列見出しを確認できる

シートをスクロールすると列番号の部分に列見出しが表示されます。
大きな表をスクロールして確認するとき、上の行まで戻って列見出しを確認する手間が省けます。

●集計行を追加できる

自分で数式や関数を入力しなくても、簡単に「**集計行**」を追加でき、合計や平均などの集計ができます。

186

2 テーブルへの変換

表をテーブルに変換すると、自動的に「**テーブルスタイル**」が適用されます。テーブルスタイルは、罫線や塗りつぶしの色などの書式を組み合わせたもので、表全体の見栄えを整えます。
表をテーブルに変換しましょう。

File OPEN フォルダー「第9章」のブック「データを分析しよう」を開いておきましょう。

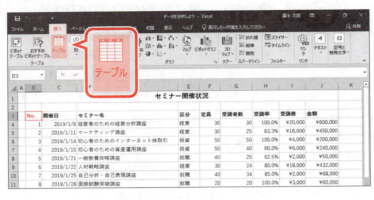

①セル【B3】をクリックします。
※表内のセルであれば、どこでもかまいません。
②《挿入》タブを選択します。
③《テーブル》グループの (テーブル)をクリックします。

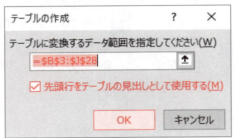

《テーブルの作成》ダイアログボックスが表示されます。
④《テーブルに変換するデータ範囲を指定してください》が「＝＄B＄3：＄J＄28」になっていることを確認します。
⑤《先頭行をテーブルの見出しとして使用する》を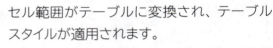にします。
⑥《OK》をクリックします。

セル範囲がテーブルに変換され、テーブルスタイルが適用されます。
リボンに《テーブルツール》の《デザイン》タブが表示されます。

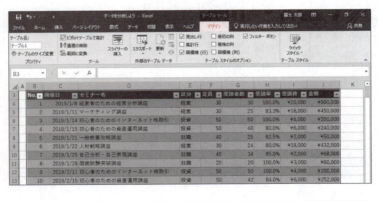

テーブルの選択を解除します。
⑦セル【A1】をクリックします。
※テーブル以外であれば、どこでもかまいません。
テーブルの選択が解除されます。

⑧セル【B3】をクリックします。
※テーブル内のセルであれば、どこでもかまいません。テーブルが選択されます。

⑨シートを下方向にスクロールし、列番号が列見出しに置き換わって、▼が表示されていることを確認します。

👉 POINT 《テーブルツール》の《デザイン》タブ

テーブルが選択されているとき、リボンに《テーブルツール》の《デザイン》タブが表示され、テーブルに関するコマンドが使用できる状態になります。

👉 POINT テーブルスタイルのクリア

もとになるセル範囲に書式を設定していると、ユーザーが設定した書式とテーブルスタイルの書式が重なって、見栄えが悪くなることがあります。
ユーザーが設定した書式を優先し、テーブルスタイルを適用しない場合は、テーブル変換後にテーブル内のセルを選択→《デザイン》タブ→《テーブルスタイル》グループの (テーブルクイックスタイル)→《クリア》を選択しましょう。

👉 POINT 通常のセル範囲への変換

テーブルをもとのセル範囲に戻す方法は、次のとおりです。
◆テーブル内のセルを選択→《デザイン》タブ→《ツール》グループの 範囲に変換 （範囲に変換）
※セル範囲に変換しても、テーブルスタイルの設定は残ります。

3 テーブルスタイルの適用

テーブルにスタイル「**薄い緑, テーブルスタイル (淡色) 21**」を適用しましょう。
※設定する項目名が一覧にない場合は、任意の項目を選択してください。

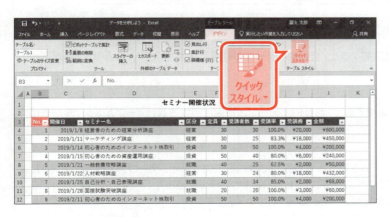

①セル【B3】をクリックします。
※テーブル内のセルであれば、どこでもかまいません。
②《**デザイン**》タブを選択します。
③《**テーブルスタイル**》グループの (テーブルクイックスタイル) をクリックします。

188

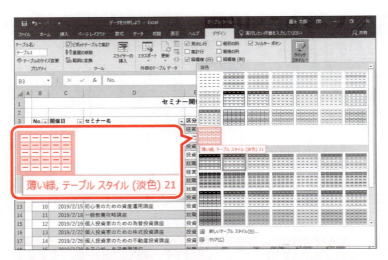

④《淡色》の《薄い緑，テーブルスタイル（淡色）21》をクリックします。

※一覧のスタイルをポイントすると、設定後のイメージを確認できます。

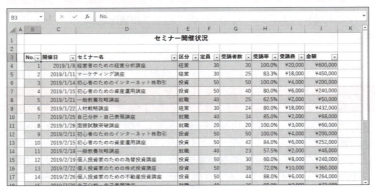

テーブルスタイルが適用されます。

STEP UP その他の方法（テーブルスタイルの適用）

◆テーブル内のセルを選択→《ホーム》タブ→《スタイル》グループの  （テーブルとして書式設定）

POINT テーブルの利用

テーブルを利用すると、データを追加したときに自動的にテーブルスタイルが適用されたり、テーブル用の数式が入力されたりします。

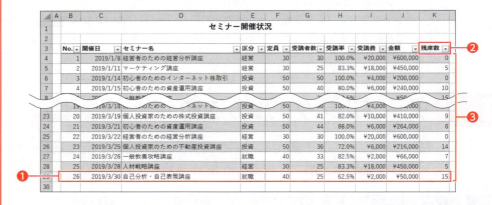

❶レコードの追加
テーブルの最終行にレコードを追加すると、自動的にテーブル範囲が拡大され、テーブルスタイルが適用されます。

❷列見出しの追加
テーブルの右側に列見出しを追加すると、自動的にテーブル範囲が拡大され、テーブルスタイルが適用されます。

❸数式の入力
テーブルに変換後、新しいフィールドにセルを参照して数式を入力すると、テーブル用の数式になり、フィールド全体に数式が入力されます。例えば、セル【K4】にセルを参照して「＝F4－G4」と入力すると、フィールド全体に数式「＝[@定員]－[@受講者数]」が入力されます。

※セルをクリックしてセル位置を入力した場合、テーブル用の数式になります。セル位置を手入力した場合は、通常の数式になります。

4 集計行の表示

テーブルの最終行に集計行を表示して、合計や平均などの集計ができます。集計行は、テーブルにレコードを追加したり、レコードを並べ替えたりしても、常に最終行に表示されます。

テーブルの最終行に集計行を表示しましょう。集計行には、「**金額**」と「**受講者数**」の合計を表示します。

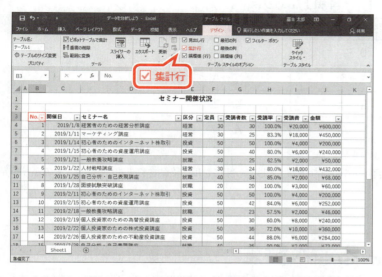

①セル**【B3】**をクリックします。
※テーブル内のセルであれば、どこでもかまいません。
②《**デザイン**》タブを選択します。
③《**テーブルスタイルのオプション**》グループの《**集計行**》を☑にします。

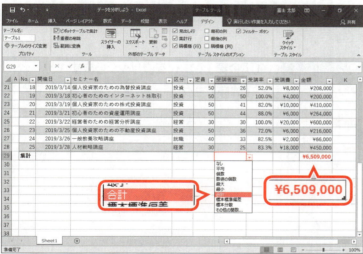

シートが自動的にスクロールされ、テーブルの最終行に「**金額**」の合計が表示されます。
「**受講者数**」の合計を表示します。
④集計行の「**受講者数**」のセル(セル**【G29】**)をクリックします。
⑤▼をクリックし、一覧から《**合計**》を選択します。

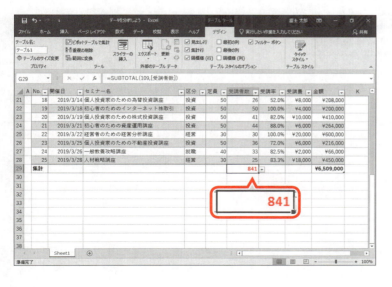

「**受講者数**」の合計が表示されます。

Step3 データを並べ替える

1 並べ替え

「並べ替え」を使うと、指定したキー（基準）に従って、データを並べ替えることができます。
並べ替えの順序には、**「昇順」**と**「降順」**があります。

データ	昇順	降順
数値	0→9	9→0
英字	A→Z	Z→A
日付	古→新	新→古
かな	あ→ん	ん→あ

※空白セルは、昇順でも降順でも表の末尾に並びます。
※漢字を入力すると、入力した内容が「ふりがな情報」として一緒にセルに格納されます。漢字は、そのふりがな情報をもとに並び替わります。

2 ひとつのキーによる並べ替え

並べ替えのキーがひとつの場合には、列見出しの▼を使うと簡単です。
「金額」が高い順に並べ替えましょう。

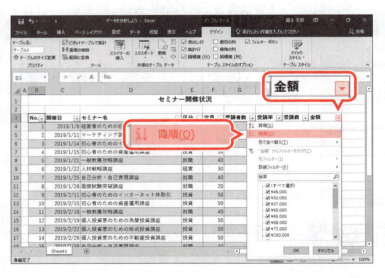

①**「金額」**の▼をクリックします。
②**《降順》**をクリックします。

191

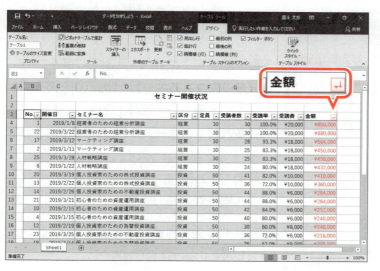

「**金額**」が高い順に並び替わります。

③「**金額**」の ▼ が ↓ になっていることを確認します。

※「No.」順に並べ替えておきましょう。

STEP UP 表をもとの順番に戻す

並べ替えを実行したあと、表をもとの順番に戻す可能性がある場合、連番を入力したフィールドをあらかじめ用意しておきます。また、並べ替えを実行した直後であれば、 ↶ （元に戻す）でもとに戻ります。

STEP UP データの並べ替え

表をテーブルに変換していない場合でも、表のデータを並べ替えることができます。
データを並べ替える方法は、次のとおりです。

◆ キーとなるセルを選択→《**データ**》タブ→《**並べ替えとフィルター**》グループの ↓ （昇順）／ ↓ （降順）

3 複数のキーによる並べ替え

複数のキーで並べ替えるには、 🔲 （並べ替え）を使います。
「**定員**」が多い順に並べ替え、「**定員**」が同じ場合は「**受講者数**」が多い順に並べ替えましょう。

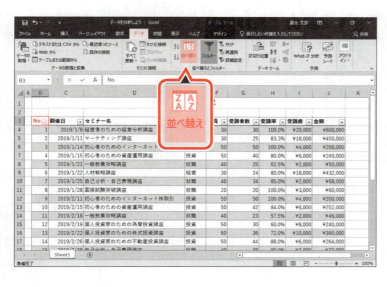

①セル**【B3】**をクリックします。

※テーブル内のセルであれば、どこでもかまいません。

②《**データ**》タブを選択します。

③《**並べ替えとフィルター**》グループの 🔲 （並べ替え）をクリックします。

《並べ替え》ダイアログボックスが表示されます。

1番目に優先されるキーを設定します。

④《最優先されるキー》の《列》の▽をクリックし、一覧から「定員」を選択します。

⑤《並べ替えのキー》が《セルの値》になっていることを確認します。

⑥《順序》の▽をクリックし、一覧から《大きい順》を選択します。

2番目に優先されるキーを設定します。

⑦《レベルの追加》をクリックします。

⑧《次に優先されるキー》の《列》の▽をクリックし、一覧から「受講者数」を選択します。

⑨《並べ替えのキー》が《セルの値》になっていることを確認します。

⑩《順序》の▽をクリックし、一覧から《大きい順》を選択します。

⑪《OK》をクリックします。

「定員」が多い順に並び替わり、「定員」が同じ場合は「受講者数」が多い順に並び替わります。

⑫「定員」と「受講者数」の▽が▽になっていることを確認します。

※「No.」順に並べ替えておきましょう。

Step 4 データを抽出する

1 フィルターの実行

「フィルター」を使うと、データベースから条件を満たすレコードだけを抽出できます。
条件を満たすレコードだけが表示され、条件を満たさないレコードは一時的に非表示になります。

フィルターを使って、「区分」が「投資」または「経営」のレコードを抽出しましょう。

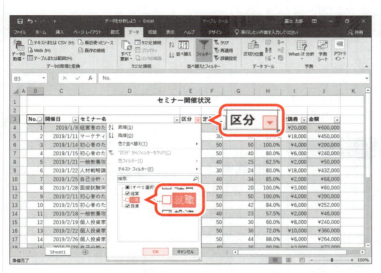

①「区分」の▼をクリックします。
②「就職」を☐にします。
③《OK》をクリックします。

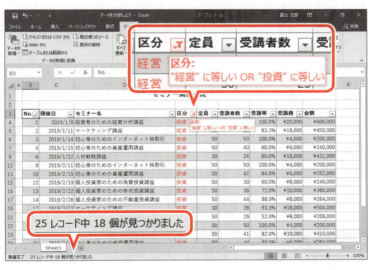

指定した条件でレコードが抽出されます。
④「区分」の▼が▼になっていることを確認します。
⑤「区分」の▼をポイントします。

ポップヒントに指定した条件が表示されます。
※抽出されたレコードの行番号が青色になります。また、条件を満たすレコードの件数がステータスバーに表示されます。

> **STEP UP** データの抽出
>
> 表をテーブルに変換していない場合でも、条件を満たすレコードを抽出することができます。
> データを抽出する方法は、次のとおりです。
> ◆表内のセルを選択→《データ》タブ→《並べ替えとフィルター》グループの ▼ （フィルター）

194

2 抽出結果の絞り込み

現在の抽出結果を、さらに「開催日」が「3月」のレコードに絞り込みましょう。

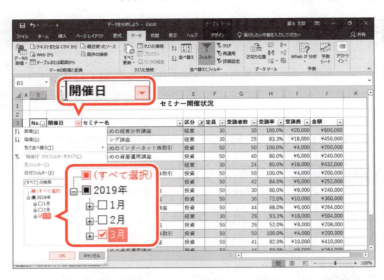

① 「開催日」の ▼ をクリックします。
② 《(すべて選択)》を □ にします。
※下位の項目がすべて □ になります。
③ 「3月」を ☑ にします。
④ 《OK》をクリックします。

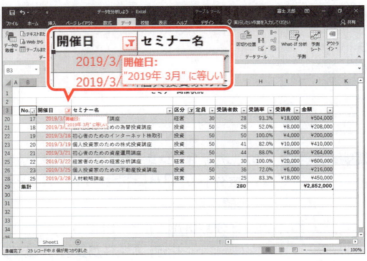

指定した条件でレコードが抽出されます。
⑤ 「開催日」の ▼ が ▼フィルタ になっていることを確認します。
⑥ 「開催日」の ▼フィルタ をポイントします。
ポップヒントに指定した条件が表示されます。

3 条件のクリア

フィルターの条件をすべてクリアして、非表示になっているレコードを再表示しましょう。

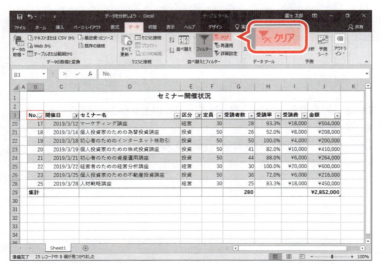

① セル【B3】をクリックします。
※テーブル内のセルであれば、どこでもかまいません。
② 《データ》タブを選択します。
③ 《並べ替えとフィルター》グループの ▼×クリア (クリア)をクリックします。

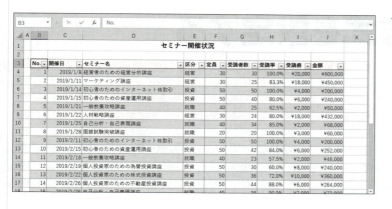

すべての条件がクリアされ、すべてのレコードが表示されます。

4 数値フィルター

データの種類が数値のフィールドでは、「**数値フィルター**」が用意されています。
「**〜以上**」「**〜未満**」「**〜から〜まで**」のように範囲のある数値を抽出したり、上位または下位の数値を抽出したりできます。
「**金額**」が高いレコードの上位5件を抽出しましょう。

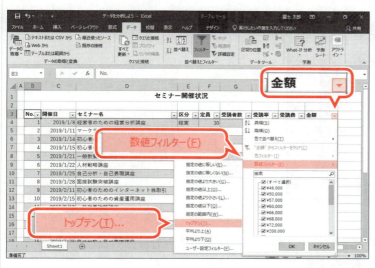

①「**金額**」の ▼ をクリックします。
②《**数値フィルター**》をポイントします。
③《**トップテン**》をクリックします。

《**トップテンオートフィルター**》ダイアログボックスが表示されます。
④左のボックスが《**上位**》になっていることを確認します。
⑤中央のボックスを「**5**」に設定します。
⑥右のボックスが《**項目**》になっていることを確認します。
⑦《**OK**》をクリックします。

「**金額**」が高いレコードの上位5件が抽出されます。

※ ▼クリア（クリア）をクリックし、条件をクリアしておきましょう。

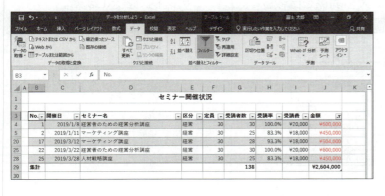

Step 5 条件付き書式を設定する

1 条件付き書式

「条件付き書式」を使うと、ルール（条件）に基づいてセルに特定の書式を設定したり、数値の大小関係が視覚的にわかるように装飾したりできます。
条件付き書式には、次のようなものがあります。

●セルの強調表示ルール

「指定の値より大きい」「指定の値に等しい」「重複する値」などのルールに基づいて、該当するセルに特定の書式を設定します。

●上位/下位ルール

「上位10項目」「下位10％」「平均より上」などのルールに基づいて、該当するセルに特定の書式を設定します。

●データバー

選択したセル範囲内で数値の大小関係を比較して、バーで表示します。

地区	4月	5月	6月	合計
札幌	9,210	8,150	8,550	25,910
仙台	11,670	10,030	11,730	33,430
東京	25,930	22,820	23,970	72,720
名古屋	11,840	11,380	10,950	34,170
大阪	19,460	17,120	17,970	54,550
高松	9,950	9,640	10,130	29,720
広島	10,930	10,540	11,060	32,530
福岡	13,240	12,120	12,730	38,090
合計	112,230	101,800	107,090	321,120

●カラースケール

選択したセル範囲内で数値の大小関係を比較して、段階的に色分けして表示します。

地区	4月	5月	6月	合計
札幌	9,210	8,150	8,550	25,910
仙台	11,670	10,030	11,730	33,430
東京	25,930	22,820	23,970	72,720
名古屋	11,840	11,380	10,950	34,170
大阪	19,460	17,120	17,970	54,550
高松	9,950	9,640	10,130	29,720
広島	10,930	10,540	11,060	32,530
福岡	13,240	12,120	12,730	38,090
合計	112,230	101,800	107,090	321,120

●アイコンセット

選択したセル範囲内で数値の大小関係を比較して、アイコンの図柄で表示します。

地区	4月	5月	6月		合計
札幌	9,210	8,150	8,550	↓	25,910
仙台	11,670	10,030	11,730	↓	33,430
東京	25,930	22,820	23,970	↑	72,720
名古屋	11,840	11,380	10,950	↓	34,170
大阪	19,460	17,120	17,970	→	54,550
高松	9,950	9,640	10,130	↓	29,720
広島	10,930	10,540	11,060	↓	32,530
福岡	13,240	12,120	12,730	↓	38,090
合計	112,230	101,800	107,090		321,120

2 条件に合致するデータの強調

「受講率」が90％より大きいセルに、「濃い赤の文字、明るい赤の背景」の書式を設定しましょう。

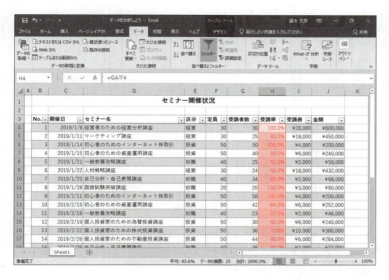

書式を設定するセル範囲を選択します。
①セル範囲【H4:H28】を選択します。

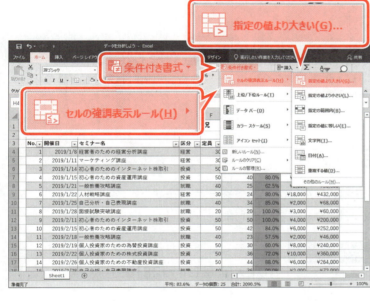

②《ホーム》タブを選択します。
③《スタイル》グループの ▼ 条件付き書式▼ （条件付き書式）をクリックします。
④《セルの強調表示ルール》をポイントします。
⑤《指定の値より大きい》をクリックします。

《指定の値より大きい》ダイアログボックスが表示されます。
⑥《次の値より大きいセルを書式設定》に「90％」と入力します。
※「0.9」と入力してもかまいません。
⑦《書式》が《濃い赤の文字、明るい赤の背景》になっていることを確認します。
⑧《OK》をクリックします。

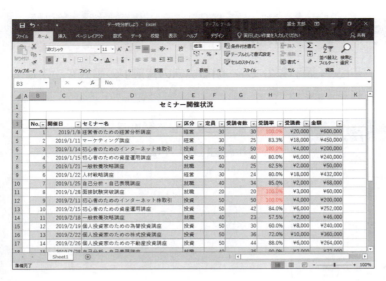

90％より大きいセルに、指定した書式が設定されます。

※セル範囲の選択を解除して、書式を確認しておきましょう。

STEP UP ルールのクリア

セル範囲に設定されているすべてのルールをクリアする方法は、次のとおりです。

◆セル範囲を選択→《ホーム》タブ→《スタイル》グループの（条件付き書式）→《ルールのクリア》→《選択したセルからルールをクリア》

STEP UP 上位/下位ルール

上位/下位ルールを使って、ルールに該当するセルに特定の書式を設定する方法は、次のとおりです。

◆セル範囲を選択→《ホーム》タブ→《スタイル》グループの（条件付き書式）→《上位/下位ルール》→一覧から選択

3 データバーの設定

「データバー」を使うと、数値の大小がバーの長さで表示されます。
「金額」をグラデーションの青のデータバーで表示しましょう。

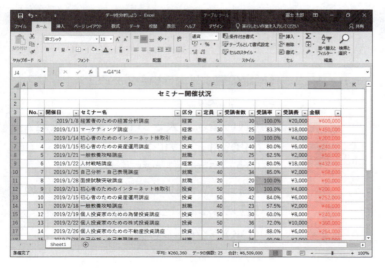

書式を設定するセル範囲を選択します。

①セル範囲【J4:J28】を選択します。

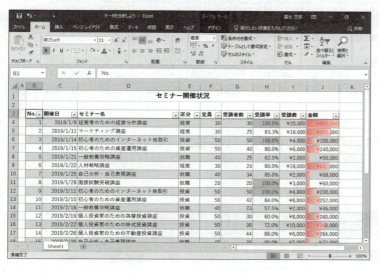

②《ホーム》タブを選択します。

③《スタイル》グループの ![条件付き書式▼] (条件付き書式)をクリックします。

④《データバー》をポイントします。

⑤《塗りつぶし(グラデーション)》の《青のデータバー》をクリックします。

※一覧の選択肢をポイントすると、設定後のイメージを確認できます。

選択したセル範囲内で数値の大小が比較されて、データバーが表示されます。

※セル範囲の選択を解除して、書式を確認しておきましょう。

※ブックに「データを分析しよう完成」と名前を付けて、フォルダー「第9章」に保存し、閉じておきましょう。

STEP UP カラースケール

カラースケールを使って、数値の大小を色の違いで示す方法は、次のとおりです。

◆セル範囲を選択→《ホーム》タブ→《スタイル》グループの ![条件付き書式▼] (条件付き書式)→《カラースケール》→一覧から選択

STEP UP アイコンセット

アイコンセットを使って、数値の大小をアイコンの図柄で示す方法は、次のとおりです。

◆セル範囲を選択→《ホーム》タブ→《スタイル》グループの ![条件付き書式▼] (条件付き書式)→《アイコンセット》→一覧から選択

200

練習問題

解答 ▶ P.8

次のようにデータを操作しましょう。
※設定する項目名が一覧にない場合は、任意の項目を選択してください。

フォルダー「第9章」のブック「第9章練習問題」を開いておきましょう。

●「講座名」が「フラワーアレンジメント」のレコードを抽出

No.	入会月	講座名	名前	住所1	住所2	電話番号
7	4月	フラワーアレンジメント	金子 よしの	神奈川県	横浜市磯子区坂下町2-4-X	045-222-XXXX
13	4月	フラワーアレンジメント	松井 雄太	東京都	新宿区西新宿10-5-X	03-5555-XXXX
14	4月	フラワーアレンジメント	平野 芳子	神奈川県	逗子市新宿3-4-X	046-666-XXXX
15	4月	フラワーアレンジメント	安田 恵美子	埼玉県	さいたま市浦和区仲町2-4-X	048-111-XXXX
18	6月	フラワーアレンジメント	北村 真紀子	東京都	中央区日本橋横山町3-8-X	03-3321-XXXX
20	6月	フラワーアレンジメント	木村 理沙	東京都	千代田区飯田橋2-2-X	03-3222-XXXX
21	6月	フラワーアレンジメント	夏川 義信	神奈川県	横浜市西区みなとみらい2-3-X	045-555-XXXX

●「入会月」が「9月」で「住所1」が「東京都」のレコードを抽出

No.	入会月	講座名	名前	住所1	住所2	電話番号
24	9月	陶芸教室	佐々木 權助	東京都	中野区中野10-3-X	03-3367-XXXX
25	9月	カクテル教室	丘 智宏	東京都	立川市栄町2-9-X	042-528-XXXX
26	9月	中国茶の楽しみ方	吉岡 ありさ	東京都	文京区春日1-2-X	03-5352-XXXX
30	9月	カクテル教室	澤辺 紀江	東京都	港区台場1-X	03-1111-XXXX

① 表をテーブルに変換しましょう。

② テーブルスタイルを「**青, テーブルスタイル (中間) 16**」に変更しましょう。

③ 「**名前**」を基準に昇順で並べ替えましょう。

④ 「**No.**」を基準に昇順で並べ替えましょう。

⑤ 「**講座名**」が「**フラワーアレンジメント**」のレコードを抽出しましょう。

⑥ すべての条件を解除しましょう。

⑦ 「**入会月**」が「**9月**」のレコードを抽出しましょう。

⑧ ⑦の抽出結果から、「**住所1**」が「**東京都**」のレコードを抽出しましょう。

※ブックに「第9章練習問題完成」という名前を付けて、フォルダー「第9章」に保存し、閉じておきましょう。
※Excelを終了しておきましょう。

第10章

アプリ間でデータを共有しよう

Check	この章で学ぶこと ………………………………………	203
Step1	Excelの表をWordの文書に貼り付ける …………	204
Step2	ExcelのデータをWordの文書に差し込んで印刷する ……………………………………………	213

第10章 この章で学ぶこと

学習前に習得すべきポイントを理解しておき、学習後には確実に習得できたかどうかを振り返りましょう。

1	「貼り付け」と「リンク貼り付け」の違いを説明できる。	☑☑☑	➡ P.205
2	複数のアプリを起動し、アプリを切り替えることができる。	☑☑☑	➡ P.205
3	Excelの表をWordに貼り付けることができる。	☑☑☑	➡ P.207
4	Excelの表をWordにリンク貼り付けすることができる。	☑☑☑	➡ P.209
5	リンク貼り付けした表を更新できる。	☑☑☑	➡ P.211
6	差し込み印刷に必要なデータを説明できる。	☑☑☑	➡ P.214
7	差し込み印刷の手順を理解し、ひな形の文書や宛先リストを設定できる。	☑☑☑	➡ P.215
8	宛先リストのフィールド(項目)をひな形の文書に挿入できる。	☑☑☑	➡ P.219
9	宛先リストを差し込んだ結果を文書に表示できる。	☑☑☑	➡ P.219
10	データを差し込んで文書を印刷できる。	☑☑☑	➡ P.220

Step 1 Excelの表をWordの文書に貼り付ける

1 作成する文書の確認

次のような文書を作成しましょう。

No.0201
2019年10月1日

支店長各位

販売促進部長

第2四半期売上実績と第3四半期売上目標について

2019年度第2四半期の売上実績の全国分を集計しましたので、下記のとおりお知らせします。また、各支店の第3四半期の売上目標を設定しましたので、併せてお知らせします。目標達成のために、拡販活動にご尽力いただきますようよろしくお願いします。

記

1. 第2四半期売上実績

単位：千円

支店名	7月	8月	9月	合計
仙台	2,872	3,543	3,945	10,360
東京	4,223	3,345	4,936	12,504
名古屋	3,021	3,877	4,619	11,517
大阪	3,865	2,149	4,027	10,041
広島	2,511	1,856	3,375	7,742
合計	16,492	14,770	20,902	52,164

← Excelの表の貼り付け

2. 第3四半期売上目標

単位：千円

支店名	10月	11月	12月	合計
仙台	3,300	3,300	3,900	10,500
東京	3,900	4,100	4,600	12,600
名古屋	3,500	3,700	4,700	11,900
大阪	3,300	3,800	4,700	11,800
広島	2,800	3,000	3,400	9,200
合計	16,800	17,900	21,300	56,000

← Excelの表のリンク貼り付け

以上

2 データの共有

異なるアプリ間でデータを共有することができます。例えば、Excelで作成した表をWordの文書に貼り付けることができます。
データの共有方法には、「**貼り付け**」や「**リンク貼り付け**」などがあります。

1 貼り付け

「**貼り付け**」とは、あるファイルのデータを、別のアプリのファイルに埋め込むことです。例えば、Excelの表をWordの文書に貼り付けた場合、貼り付け元のExcelの表を変更しても、Wordの文書に貼り付けられた表は更新されません。

2 リンク貼り付け

「**リンク貼り付け**」とは、あるファイルのデータ（貼り付け元）と別のアプリのファイル（貼り付け先）の2つの情報を関連付け、参照関係（リンク）を作ることです。貼り付け元と貼り付け先のデータが連携されます。

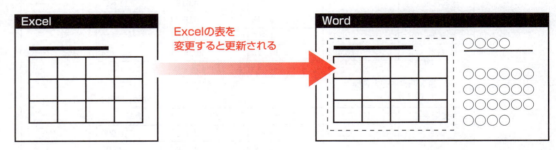

3 複数アプリの起動

WordとExcelのデータを共有するために、2つのアプリを起動します。

1 WordとExcelの起動

Wordを起動し、フォルダー「**第10章**」の文書「**アプリ間でデータを共有しよう-1**」を開きましょう。
次に、Excelを起動し、フォルダー「**第10章**」のブック「**売上管理**」を開きましょう。

①Wordを起動します。
※ ■ (スタート)→《Word》をクリックします。
②タスクバーにWordのアイコンが表示されていることを確認します。
③**文書「アプリ間でデータを共有しよう-1」**を開きます。
※《他の文書を開く》→《参照》→《ドキュメント》→「Word2019&Excel2019」→「第10章」→一覧から「アプリ間でデータを共有しよう-1」を選択します。

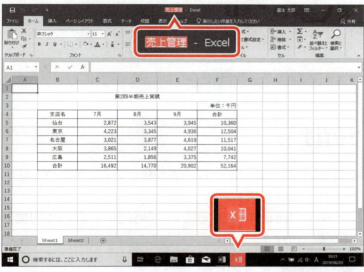

④Excelを起動します。
※ ■ (スタート)→《Excel》をクリックします。
⑤タスクバーにExcelのアイコンが表示されていることを確認します。
⑥ブック**「売上管理」**を開きます。
※《他のブックを開く》→《参照》→《ドキュメント》→「Word2019&Excel2019」→「第10章」→一覧から「売上管理」を選択します。

2 複数アプリの切り替え

複数のウィンドウを表示している場合、アプリを切り替えて、作業対象のウィンドウを前面に表示します。作業対象のウィンドウを**「アクティブウィンドウ」**といいます。
タスクバーを使って、アプリを切り替えましょう。

Wordに切り替えます。
①タスクバーのWordのアイコンをクリックします。

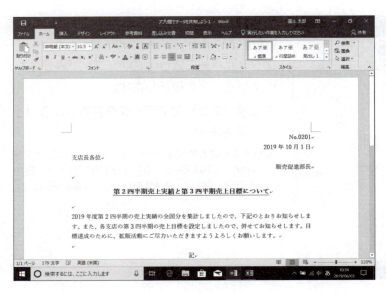

Wordがアクティブウィンドウになり、最前面に表示されます。

※タスクバーのExcelのアイコンとWordのアイコンをクリックし、アプリが切り替えられることを確認しておきましょう。

STEP UP その他の方法（ウィンドウの切り替え）

◆ [Alt]+[Tab]
◆ タスクバーの ▯ （タスクビュー）→ウィンドウを選択

4 Excelの表の貼り付け

Excelの表をWordの文書に貼り付けます。もとのExcelの表が修正された場合でも貼り付け先のWordの文書は修正されないようにします。
Excelのブック「**売上管理**」のシート「**Sheet1**」にある表を、Wordの文書「**アプリ間でデータを共有しよう-1**」に貼り付けましょう。

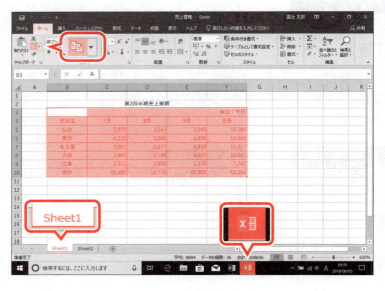

Excelに切り替えます。
①タスクバーのExcelのアイコンをクリックします。
Excelのブックが表示されます。
②シート「**Sheet1**」が表示されていることを確認します。
表を範囲選択します。
③セル範囲【**B3：F10**】を選択します。
表をコピーします。
④《**ホーム**》タブを選択します。
⑤《**クリップボード**》グループの ▯ （コピー）をクリックします。

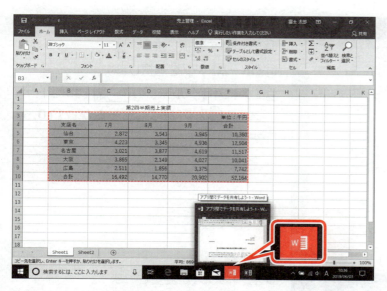

コピーされた範囲が点線で囲まれます。
Wordに切り替えます。

⑥タスクバーのWordのアイコンをクリックします。

Wordの文書が表示されます。
表を貼り付ける位置を指定します。

⑦「1.第2四半期売上実績」の下の行にカーソルを移動します。

⑧《ホーム》タブを選択します。

⑨《クリップボード》グループの (貼り付け)をクリックします。

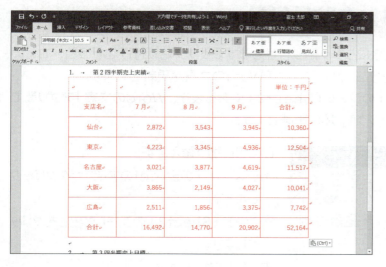

Excelの表が、Wordの文書に貼り付けられます。

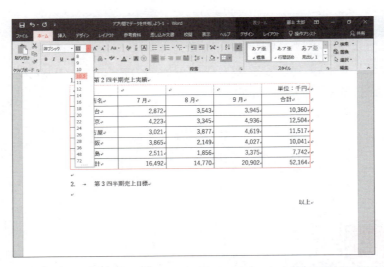

貼り付けた表のフォントサイズを変更します。

⑩表全体を選択します。

⑪《ホーム》タブを選択します。

⑫《フォント》グループの 11 (フォントサイズ) の をクリックし、一覧から《10.5》を選択します。

フォントサイズが変更されます。

※選択を解除しておきましょう。

> **POINT 貼り付けた表の書式**
>
> Excelの表をWordに貼り付けるとWordの表として扱えます。そのため、貼り付けた表は、Wordで作成した表と同様に書式などを変更できます。

5 Excelの表のリンク貼り付け

Excelの表をWordの文書にリンク貼り付けします。リンク貼り付けを行うと、もとのExcelの表が修正された場合は、貼り付け先のWordの文書が更新されます。
Excelのブック「**売上管理**」のシート「**Sheet2**」にある表を、Wordの文書「**アプリ間でデータを共有しよう-1**」にリンク貼り付けしましょう。

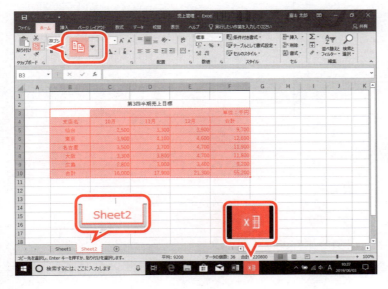

Excelに切り替えます。

①タスクバーのExcelのアイコンをクリックします。

②シート「**Sheet2**」のシート見出しをクリックします。

表を範囲選択します。

③セル範囲【B3：F10】を選択します。

表をコピーします。

④《ホーム》タブを選択します。

⑤《クリップボード》グループの (コピー) をクリックします。

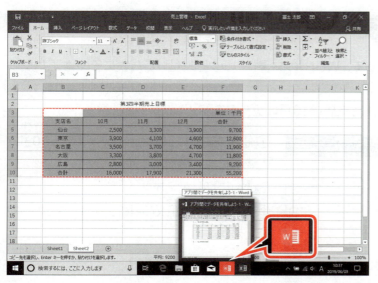

コピーされた範囲が点線で囲まれます。
Wordに切り替えます。
⑥タスクバーのWordのアイコンをクリックします。

Wordの文書が表示されます。
表を貼り付ける位置を指定します。
⑦「2.第3四半期売上目標」の下の行にカーソルを移動します。
⑧《ホーム》タブを選択します。
⑨《クリップボード》グループの ▼ (貼り付け) の 貼り付け をクリックします。
⑩ (リンク（元の書式を保持）) をクリックします。

Excelの表が、Wordの文書にリンク貼り付けされます。
※貼り付けた表のフォントサイズを「10.5」ポイントに変更しておきましょう。

Let's Try ためしてみよう

「2.第3四半期売上目標」の下の空白行を削除しましょう。

Let's Try Answer

① 「2.第3四半期売上目標」の下の空白行にカーソルを移動
② Back Space を押す

6 表のデータの変更

Excelの表のデータを変更して、Wordの文書にリンク貼り付けした表にその修正が反映されることを確認します。

「2.第3四半期売上目標」の仙台支店の10月のデータを修正しましょう。

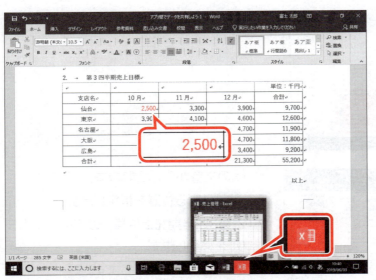

①仙台支店の10月のデータが「2,500」であることを確認します。

Excelに切り替えます。

②タスクバーのExcelのアイコンをクリックします。

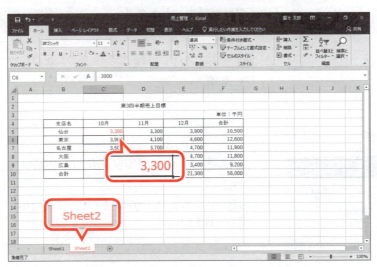

Excelのブックが表示されます。

③シート「Sheet2」が表示されていることを確認します。

仙台支店の10月のデータを「2,500」から「3,300」に変更します。

④セル【C5】に「3300」と入力します。

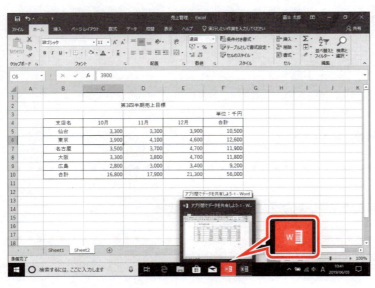

Wordの文書に変更が反映されることを確認します。

⑤タスクバーのWordのアイコンをクリックします。

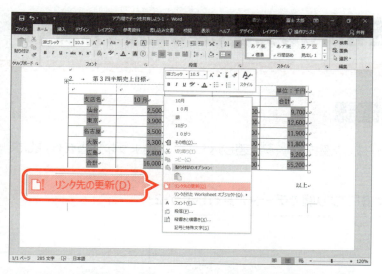

Wordの文書が表示されます。
リンクの更新を行います。

⑥「2.第3四半期売上目標」の表を右クリックします。
※表内であれば、どこでもかまいません。
⑦《リンク先の更新》をクリックします。

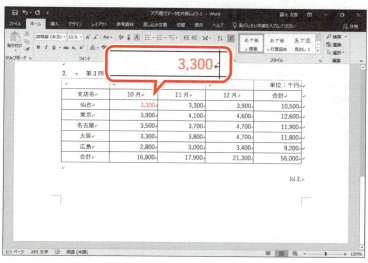

リンクが更新され、修正した内容がWordの文書に反映されます。
※Wordの文書に「アプリ間でデータを共有しよう-1完成」と名前を付けて、フォルダー「第10章」に保存し、閉じておきましょう。
※Excelのブック「売上管理」を保存せずに閉じ、Excelを終了しておきましょう。

STEP UP その他の方法（リンクの更新）

◆リンク貼り付けした表内にカーソルを移動→ F9

STEP UP グラフの貼り付け

Excelで作成したグラフをWordの文書に貼り付けることができます。

◆Excelのグラフを選択→《ホーム》タブ→《クリップボード》グループの（コピー）→Wordの文書のコピー先をクリック→《ホーム》タブ→《クリップボード》グループの（貼り付け）
※（貼り付け）で貼り付けると、グラフは「リンク貼り付け」されます。貼り付け方法を変更する場合は、（貼り付け）のをクリックして、一覧から貼り付け方法を選択します。

また、Wordの文書にリンク貼り付けしたグラフのデータを編集する方法は、次のとおりです。
◆Wordのグラフを選択→《グラフツール》の《デザイン》タブ→《データ》グループの（データを編集します）

Step2 ExcelのデータをWordの文書に差し込んで印刷する

1 作成する文書の確認

Wordの文書に、Excelで作成した宛先データを差し込んで、次のような文書を作成しましょう。

●ひな形の文書 Wordの文書「アプリ間でデータを共有しよう-2」

●宛先リスト Excelのブック「社員名簿」

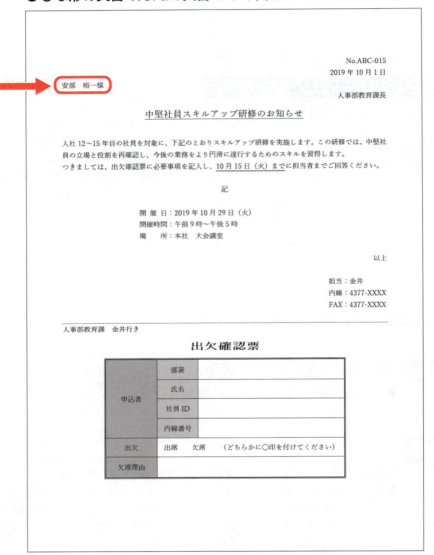

2 差し込み印刷

「差し込み印刷」とは、WordやExcelなどで作成した別のファイルのデータを、文書の指定した位置に差し込んで印刷する機能です。

文書の宛先だけを差し替えて印刷したり、宛名ラベルを作成したりできるので、同じ内容の案内状や挨拶状を複数の宛先に送付する場合に便利です。

差し込み印刷を行う場合は、《差し込み文書》タブを使います。この《差し込み文書》タブには、データを差し込む文書や宛先のリストを指定するボタン、差し込む内容を指定するボタンなど様々なボタンが用意されています。基本的には、《差し込み文書》タブの左から順番に操作していくと差し込み印刷ができるようになっています。

差し込み印刷では、次の2種類のファイルを準備します。

●ひな形の文書

データの差し込み先となる文書です。すべての宛先に共通の内容を入力します。ひな形の文書には、「**レター**」や「**封筒**」、「**ラベル**」などの種類があります。通常のビジネス文書は、「**レター**」にあたります。

●宛先リスト

郵便番号や住所、氏名など、差し込むデータが入力されたファイルです。
WordやExcelで作成したファイルのほか、Accessなどで作成したファイルも使うことができます。

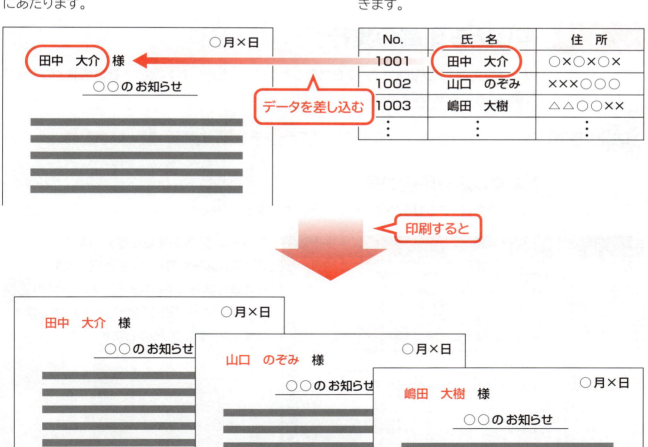

3 差し込み印刷の手順

差し込み印刷を行うときの手順は、次のとおりです。

1 差し込み印刷の開始

ひな形の文書を新規作成します。または、既存の文書を指定します。

2 宛先の選択

宛先リストを新規作成します。または、既存の宛先リストを選択します。

3 差し込みフィールドの挿入

差し込みフィールドをひな形の文書に挿入します。

4 結果のプレビュー

差し込んだ結果をプレビューして確認します。

5 印刷の実行

差し込んだ結果を印刷します。

4 差し込み印刷の実行

Wordの文書「**アプリ間でデータを共有しよう-2**」にExcelのブック「**社員名簿**」のデータを差し込んで印刷しましょう。

 フォルダー「**第10章**」の文書「**アプリ間でデータを共有しよう-2**」を開いておきましょう。

1 差し込み印刷の開始

Wordの文書「**アプリ間でデータを共有しよう-2**」をひな形の文書として指定しましょう。

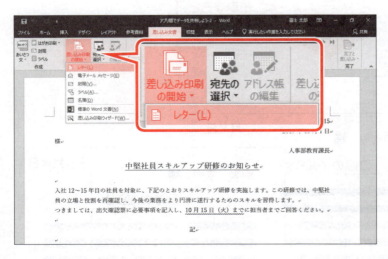

ひな形の文書の種類を選択します。
①《**差し込み文書**》タブを選択します。
②《**差し込み印刷の開始**》グループの （差し込み印刷の開始）をクリックします。
③《**レター**》をクリックします。

2 宛先の選択

Excelのブック「**社員名簿**」のシート「**Sheet1**」を宛先リストとして設定しましょう。

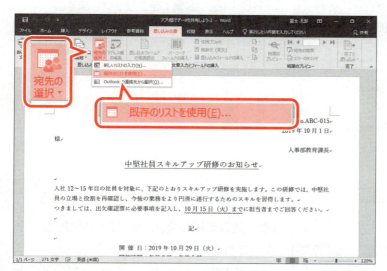

①《**差し込み文書**》タブを選択します。
②《**差し込み印刷の開始**》グループの （宛先の選択）をクリックします。
③《**既存のリストを使用**》をクリックします。

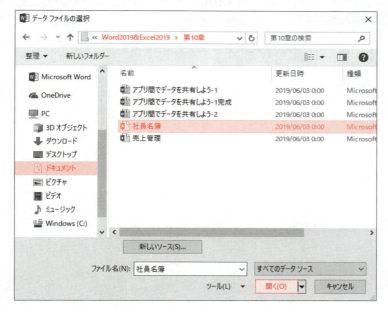

《**データファイルの選択**》ダイアログボックスが表示されます。
Excelのブックが保存されている場所を選択します。
④左側の一覧から《**ドキュメント**》を選択します。
※《ドキュメント》が表示されていない場合は、《PC》をダブルクリックします。
⑤一覧から「**Word2019&Excel2019**」を選択します。
⑥《**開く**》をクリックします。
⑦一覧から「**第10章**」を選択します。
⑧《**開く**》をクリックします。
⑨一覧からブック「**社員名簿**」を選択します。
⑩《**開く**》をクリックします。

《**テーブルの選択**》ダイアログボックスが表示されます。
差し込むデータのあるシートを選択します。
⑪「**Sheet1$**」をクリックします。
⑫《**先頭行をタイトル行として使用する**》を ☑ にします。
⑬《**OK**》をクリックします。

宛先リストを確認します。

⑭《差し込み印刷の開始》グループの (アドレス帳の編集) をクリックします。

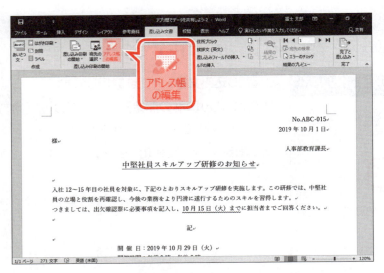

《差し込み印刷の宛先》ダイアログボックスが表示されます。

⑮すべてのレコードが ☑ になっていることを確認します。

⑯《OK》をクリックします。

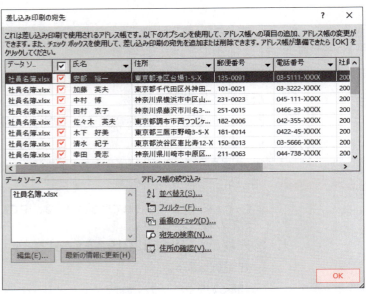

STEP UP 《差し込み印刷の宛先》ダイアログボックス

《差し込み印刷の宛先》ダイアログボックスでは、宛先リストの並べ替えや抽出などの編集ができます。各部の名称と役割は、次のとおりです。

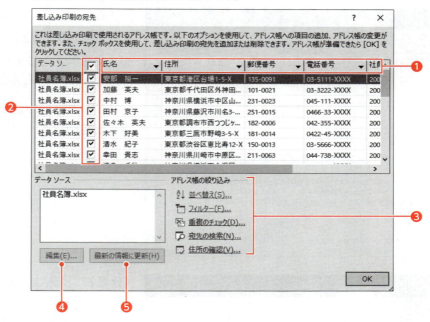

❶列見出し
列見出しをクリックすると、データを並べ替えることができます。▼をクリックすると、条件を指定してデータを抽出したり、並べ替えたりできます。

❷チェックボックス
宛先として差し込むデータを個別に指定できます。
☑:宛先として差し込みます。
☐:宛先として差し込みません。

❸アドレス帳の絞り込み
宛先リストに対して、並べ替えや抽出を行ったり、重複しているフィールドがないかをチェックしたりできます。

❹編集
差し込んだ宛先リストを編集します。

❺最新の情報に更新
宛先リストを再度読み込んで、変更内容を更新します。

3 差し込みフィールドの挿入

「氏名」の差し込みフィールドをひな形の文書に挿入しましょう。

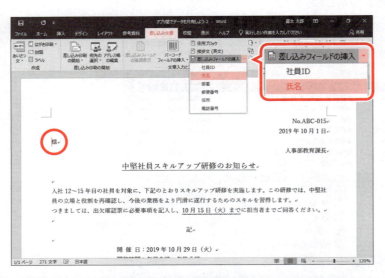

①「様」の前にカーソルを移動します。
②《差し込み文書》タブを選択します。
③《文章入力とフィールドの挿入》グループの 差し込みフィールドの挿入 （差し込みフィールドの挿入）の ▼ をクリックします。
④《氏名》をクリックします。

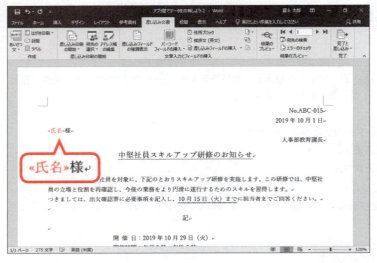

《氏名》が挿入されます。

4 結果のプレビュー

差し込みフィールドに宛先リストのデータを差し込んで表示しましょう。

①《差し込み文書》タブを選択します。
②《結果のプレビュー》グループの （結果のプレビュー）をクリックします。

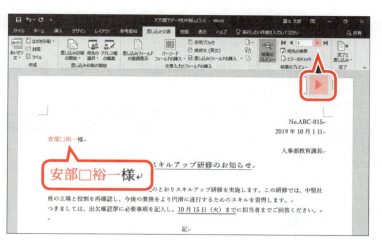

ひな形の文書に1件目の宛先が表示されます。
次の宛先を表示します。

③《結果のプレビュー》グループの ▶ (次の
レコード) をクリックします。

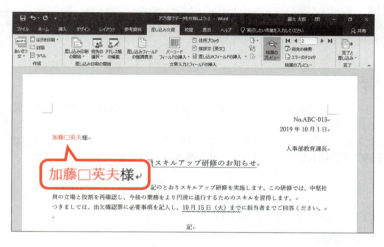

2件目の宛先が表示されます。
※ ▶ (次のレコード) をクリックして、3件目以降の宛先を確認しておきましょう。
※前の宛先を表示するには、◀ (前のレコード) をクリックします。

5 印刷の実行

1件目と2件目の宛先をひな形の文書に差し込んで印刷しましょう。

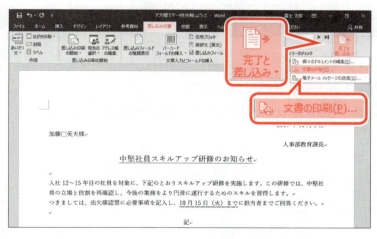

①《差し込み文書》タブを選択します。
②《完了》グループの (完了と差し込み) をクリックします。
③《文書の印刷》をクリックします。

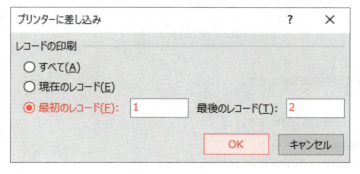

《プリンターに差し込み》ダイアログボックスが表示されます。
④《最初のレコード》を ◉ にします。
⑤《最初のレコード》に「1」と入力します。
⑥《最後のレコード》に「2」と入力します。
⑦《OK》をクリックします。

220

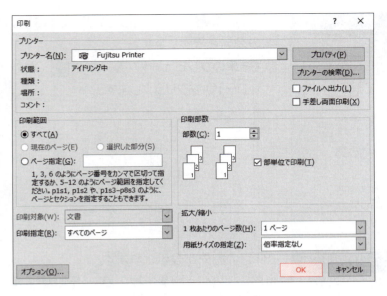

《印刷》ダイアログボックスが表示されます。

⑧《OK》をクリックします。

宛先が差し込まれた文書が2件分印刷されます。

※文書に「アプリ間でデータを共有しよう-2完成」と名前を付けて、フォルダー「第10章」に保存し、閉じておきましょう。

※Wordを終了しておきましょう。

STEP UP ひな形の文書の保存

ひな形の文書を保存すると、差し込み印刷の設定も保存されます。次回、文書を印刷するとき、差し込み印刷を設定する必要はありません。
また、保存したひな形の文書を開くと、次のようなメッセージが表示されます。作成時に指定した宛先リストからデータを挿入する場合は、《はい》をクリックします。

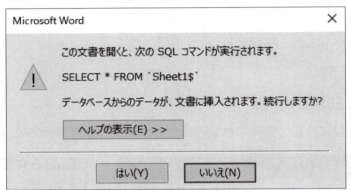

STEP UP 《プリンターに差し込み》ダイアログボックス

《プリンターに差し込み》ダイアログボックスでは、印刷する宛先を指定することができます。

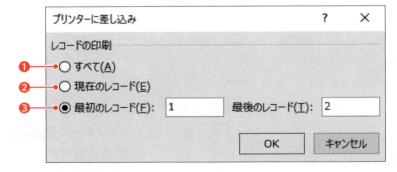

❶ **すべて**
文書に差し込まれたすべての宛先を印刷します。

❷ **現在のレコード**
現在、文書に表示されている宛先を印刷します。

❸ **最初のレコード・最後のレコード**
文書に差し込まれた宛先の中から、範囲を指定して印刷します。

総合問題

Exercise

総合問題1	223
総合問題2	225
総合問題3	227
総合問題4	229
総合問題5	231
総合問題6	233
総合問題7	236

総合問題1

解答 ▶ P.9

完成図のような文書を作成しましょう。
※解答は、FOM出版のホームページで提供しています。P.5「5 学習ファイルと解答の提供について」を参照してください。

● 完成図

　　　　　　　　　　　　　　　　　　　　　　　　　　　2019年6月10日

お客様各位

　　　　　　　　　　　　　　　　　　　　株式会社よくわかるパソコン教室　竹芝校

　　　　　　　　　　　　無料体験セミナーのご案内

拝啓　梅雨の候、ますます御健勝のこととお慶び申し上げます。平素は格別のご高配を賜り、厚く御礼申し上げます。
　このたび、竹芝校の開校10周年を記念いたしまして、下記のとおり無料体験セミナーをご用意いたしました。ぜひ、ふるってご参加ください。
　なお、お申し込みは、6月26日必着で同封のハガキをご返送ください。

　　　　　　　　　　　　　　　　　　　　　　　　　　　　　　　　　敬具

　　　　　　　　　　　　　　　　記

- 開　催　日　2019年7月5日（金）
- 時　　　間　午後1時～午後3時
- コ ー ス 名　はじめてのスマートフォン講座
- 場　　　所　よくわかるパソコン教室　竹芝校
- お問い合わせ　03-3355-XXXX（担当：椎野）

　　　　　　　　　　　　　　　　　　　　　　　　　　　　　　　　　以上

---

① Wordを起動し、新しい文書を作成しましょう。

② 次のようにページを設定しましょう。

用紙サイズ	：A4
印刷の向き	：縦
1ページの行数	：25行

③ 次のように文章を入力しましょう。

※入力を省略する場合は、フォルダー「総合問題」の文書「総合問題1」を開き、④に進みましょう。

Hint! あいさつ文は、《挿入》タブ→《テキスト》グループの (あいさつ文の挿入)を使って入力しましょう。

```
2019年6月10日↵
お客様各位↵
株式会社よくわかるパソコン教室□竹芝校↵

無料体験セミナーのご案内↵
↵
拝啓□梅雨の候、ますます御健勝のこととお慶び申し上げます。平素は格別のご高配を賜り、
厚く御礼申し上げます。↵
□このたび、竹芝校の開校10周年を記念いたしまして、下記のとおりセミナーをご用意い
たしました。ぜひ、ご参加ください。↵
□なお、お申し込みは、6月26日必着で同封のハガキをご返送ください。↵
                                                        敬具↵
↵
                          記↵
開催日□2019年7月5日（金）↵
時間□午後1時～午後3時↵
コース名□はじめてのスマートフォン講座↵
場所□よくわかるパソコン教室□竹芝校↵
お問い合わせ□03-3355-XXXX（担当：椎野）↵
                                                        以上↵
```

※↵で Enter を押して改行します。
※□は全角空白を表します。
※「～」は「から」と入力して変換します。

④ 発信日付「**2019年6月10日**」と発信者名「**株式会社よくわかるパソコン教室　竹芝校**」をそれぞれ右揃えにしましょう。

⑤ タイトル「**無料体験セミナーのご案内**」の「**無料体験**」を本文中の「**セミナーをご用意…**」の前にコピーしましょう。

⑥ タイトル「**無料体験セミナーのご案内**」に次の書式を設定しましょう。

```
フォント        ：MSP明朝
フォントサイズ  ：20ポイント
太字
中央揃え
```

⑦ 「ご参加ください。」の前に「ふるって」を挿入しましょう。

⑧ 記書き文の行に8文字分の左インデントを設定しましょう。

⑨ 記書き文の「**開催日**」「**時間**」「**コース名**」「**場所**」を6文字分の幅に均等に割り付けましょう。

⑩ 記書き文の行に「■」の行頭文字を設定しましょう。

※文書に「総合問題1完成」と名前を付けて、フォルダー「総合問題」に保存し、閉じておきましょう。

総合問題2

解答 ▶ P.10

完成図のような文書を作成しましょう。
※設定する項目名が一覧にない場合は、任意の項目を選択してください。

 フォルダー「総合問題」の文書「総合問題2」を開いておきましょう。

●完成図

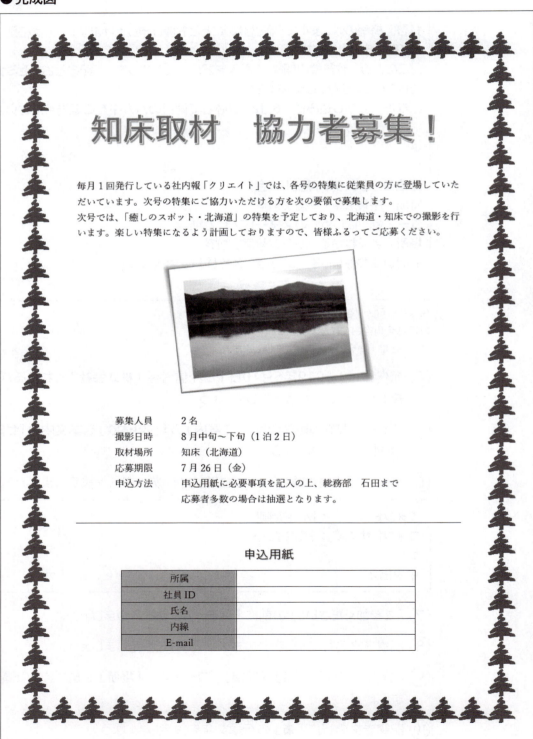

① 「知床取材　協力者募集！」に次の書式を設定しましょう。

フォント	：游ゴシック
フォントサイズ	：36ポイント
文字の効果	：塗りつぶし：青、アクセントカラー5；輪郭：白、背景色1；影（ぼかしなし）：青、アクセントカラー5
中央揃え	

② 「募集人員…」の上の行にフォルダー「**総合問題**」の画像「**知床**」を挿入しましょう。

③ 画像の文字列の折り返しを「**上下**」に設定しましょう。

④ 画像にスタイル「**回転、白**」を適用しましょう。

⑤ 完成図を参考に、画像のサイズと位置を調整しましょう。

⑥ 「**募集人員…**」で始まる行から「**応募者多数の…**」で始まる行に4文字分の左インデントを設定しましょう。

⑦ 「**申込用紙**」に次の書式を設定しましょう。

フォント	：游ゴシック
フォントサイズ	：14ポイント
文字の効果	：塗りつぶし：黒、文字色1；影

⑧ 文末に5行2列の表を作成しましょう。
　また、次のように文字を入力しましょう。

所属	
社員ID	
氏名	
内線	
E-mail	

⑨ 完成図を参考に、列の幅を変更しましょう。

⑩ 表の1列目に「**青、アクセント1、白+基本色60%**」の塗りつぶしを設定しましょう。

⑪ 表の1列目の項目名をセル内で中央揃えにしましょう。

⑫ 表全体を行の中央に配置しましょう。

⑬ 完成図を参考に、ページ罫線を設定しましょう。

※文書に「総合問題2完成」と名前を付けて、フォルダー「総合問題」に保存し、閉じておきましょう。

総合問題3

 解答 ▶ P.11

完成図のような文書を作成しましょう。

 フォルダー「総合問題」の文書「総合問題3」を開いておきましょう。

● 完成図

ひまわりスポーツクラブ入会申込書

下記のとおり、ひまわりスポーツクラブへの入会を申し込みます。

　　　　　　　　　　　　　　　　　　　　　　　　　年　　月　　日

● 入会コース

会員種別	レギュラー ・ プール ・ スタジオ ・ ゴルフ ・ テニス
コース種別	フルタイム ・ 午前 ・ 午後 ・ ナイト ・ ホリデイ

※丸印を付けてください。

● 会員情報

お名前	印
フリガナ	
生年月日	年　　　月　　　日
ご住所	〒
電話番号	
緊急連絡先	
ご職業	
備考	

【弊社記入欄】

受付日	
受付担当	

227

① タイトル「**ひまわりスポーツクラブ入会申込書**」に次の書式を設定しましょう。

```
フォント      ：MSPゴシック
フォントサイズ ：18ポイント
フォントの色   ：オレンジ、アクセント2、黒+基本色25%
二重下線
中央揃え
```

② 「●入会コース」の下の行に、2行2列の表を作成しましょう。
また、次のように文字を入力しましょう。

会員種別	レギュラー□・□プール□・□スタジオ□・□ゴルフ□・□テニス
コース種別	フルタイム□・□午前□・□午後□・□ナイト□・□ホリデイ

※□は全角空白を表します。

③ 完成図を参考に、「●入会コース」の表の1列目の列の幅を変更しましょう。

④ 「●入会コース」の表の1列目に「**緑、アクセント6、白+基本色40%**」の塗りつぶしを設定しましょう。

⑤ 「●会員情報」の表の「**電話番号**」の下に1行挿入しましょう。
また、挿入した行の1列目に「**緊急連絡先**」と入力しましょう。

⑥ 完成図を参考に、「●会員情報」の表のサイズを変更しましょう。
また、「**ご住所**」と「**備考**」の行の高さを変更しましょう。

Hint! 行の高さを変更するには、行の下側の罫線をドラッグします。

⑦ 完成図を参考に、「●会員情報」の表内の文字の配置を調整しましょう。

⑧ 「**【弊社記入欄】**」の表の3～5列目を削除しましょう。

Hint! 列を削除するには、[Back Space]を使います。

⑨ 「**【弊社記入欄】**」の表全体を行内の右端に配置しましょう。

⑩ 「**【弊社記入欄】**」の文字と表の開始位置がそろうように、「**【弊社記入欄】**」の行に適切な文字数分の左インデントを設定しましょう。

※文書に「総合問題3完成」と名前を付けて、フォルダー「総合問題」に保存し、閉じておきましょう。
※Wordを終了しておきましょう。

総合問題4

 解答 ▶ P.12

完成図のような表を作成しましょう。

●完成図

	A	B	C	D	E	F	G	H	I	J
1		週間入場者数								
2										
3			第1週	第2週	第3週	第4週	合計	平均	年代別構成比	
4		10代以下	12,453	13,425	15,432	13,254	54,564	13,641	21.7%	
5		20代	21,531	23,405	28,541	24,854	98,331	24,583	39.1%	
6		30代	12,324	13,584	19,543	14,683	60,134	15,034	23.9%	
7		40代	8,452	7,483	8,253	8,246	32,434	8,109	12.9%	
8		50代以上	1,250	2,254	1,482	1,243	6,229	1,557	2.5%	
9		合計	56,010	60,151	73,251	62,280	251,692	62,923	100.0%	
10										

① Excelを起動し、新しいブックを作成しましょう。

② 次のようにデータを入力しましょう。

	A	B	C	D	E	F	G	H	I	J
1		週間入場者数								
2										
3			第1週	第2週	第3週	第4週	合計	平均	年代別構成比	
4		10代以下	12453	13425	15432	13254				
5		20代	21531	23405	28541	24854				
6		30代	12324	13584	19543	14683				
7		40代	8452	7483	8253	8246				
8		50代以上	1250	2254	1482	1243				
9		合計								
10										

③ セル【C9】に「第1週」の合計を求めましょう。
次に、セル【C9】の数式をセル範囲【D9:F9】にコピーしましょう。

④ セル【G4】に「10代以下」の「合計」を求めましょう。

⑤ セル【H4】に「10代以下」の「平均」を求めましょう。
次に、セル【G4】とセル【H4】の数式をセル範囲【G5:H9】にコピーしましょう。

⑥ セル【I4】に「10代以下」の「年代別構成比」を求めましょう。
次に、セル【I4】の数式をセル範囲【I5:I9】にコピーしましょう。

Hint! 「年代別構成比」は「各年代の合計÷入場者の合計」で求めます。

⑦ セル【B1】に次の書式を設定しましょう。

```
フォントサイズ ：12ポイント
フォントの色   ：濃い赤
太字
```

⑧ セル範囲【B3:I9】に格子の罫線を引きましょう。

⑨ セル範囲【B3:I3】とセル【B9】に次の書式を設定しましょう。

```
塗りつぶしの色 ：緑、アクセント6、白+基本色40%
中央揃え
```

⑩ セル範囲【C4:H9】に3桁区切りカンマを付けましょう。

⑪ セル範囲【I4:I9】を小数第1位までの「%（パーセント）」で表示しましょう。

⑫ I列の列の幅を自動調整し、最適な幅にしましょう。

※ブックに「総合問題4完成」と名前を付けて、フォルダー「総合問題」に保存し、閉じておきましょう。

総合問題5

完成図のような表とグラフを作成しましょう。
※設定する項目名が一覧にない場合は、任意の項目を選択してください。

 フォルダー「総合問題」のブック「総合問題5」を開いておきましょう。

●完成図

	A	B	C	D	E	F	G	H	I
1									
2		DVDジャンル別売上金額							
3									
4									単位：千円
5			洋画	邦画	ドラマ	音楽	アニメ	合計	売上構成比
6		駅前店	1,260	280	640	380	550	3,110	44.5%
7		南町店	940	200	350	250	300	2,040	29.2%
8		北町店	680	150	420	160	430	1,840	26.3%
9		合計	2,880	630	1,410	790	1,280	6,990	100.0%
10		平均	960	210	470	263	427	2,330	
11									

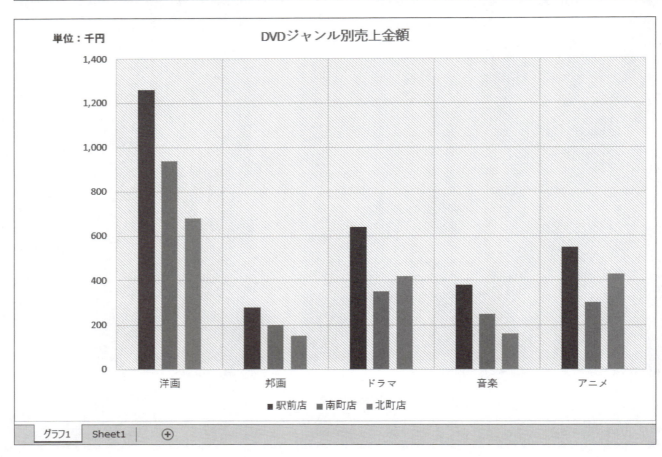

① C～I列の列の幅を「11」に変更しましょう。

② セル【I4】を右揃えにしましょう。

③ 表内のすべての合計を求めましょう。

Hint! 合計する数値と、合計を表示するセル範囲を選択して Σ（合計）をクリックすると、縦横の合計を一度に求めることができます。

④ セル【C10】に「洋画」の平均を求め、セル【H10】までコピーしましょう。

⑤ セル【I6】に売上総合計に対する店舗ごとの「売上構成比」を求めましょう。次に、セル【I6】の数式をセル範囲【I7:I9】にコピーしましょう。

Hint! 「売上構成比」は「各店舗の合計÷全体の合計」で求めます。

⑥ セル範囲【C6:H10】に3桁区切りカンマを付けましょう。

⑦ セル範囲【I6:I9】を小数第1位までの「％（パーセント）」で表示しましょう。

⑧ セル範囲【B5:G8】をもとに、2-Dの集合縦棒グラフを作成しましょう。

⑨ グラフタイトルを「**DVDジャンル別売上金額**」に変更しましょう。

⑩ グラフを新しいシートに移動しましょう。

⑪ グラフのスタイルを「**スタイル7**」に変更しましょう。

⑫ 値軸の軸ラベルを表示し、軸ラベルを「**単位：千円**」に変更しましょう。

⑬ 値軸の軸ラベルが左に90度回転した状態になっているのを解除し、グラフの左上に移動しましょう。

⑭ グラフエリアのフォントサイズを「**12**」ポイントに変更し、グラフタイトルのフォントサイズを「**16**」ポイントに変更しましょう。

※ブックに「総合問題5完成」と名前を付けて、フォルダー「総合問題」に保存し、閉じておきましょう。

総合問題6

解答 ▶ P.15

次のようにデータを操作しましょう。
※設定する項目名が一覧にない場合は、任意の項目を選択してください。

フォルダー「総合問題」のブック「総合問題6」を開いておきましょう。

● 「氏名」を基準に並べ替え

社員番号	氏名	地区	入社年	今期目標	今期実績	達成率
251200	青田 浩介	東京	2009/4	32,000	23,100	72.2%
220001	秋田 勉	東京	2006/4	31,000	30,500	98.4%
245260	阿部 次郎	東京	2008/4	28,000	22,800	81.4%
278111	新谷 則夫	横浜	2011/4	26,000	12,500	48.1%
113561	池田 義男	横浜	1995/10	32,000	26,500	82.8%
247100	上田 伸二	東京	2008/4	28,000	27,800	99.3%
273210	江田 京子	東京	2011/4	26,000	26,900	103.5%
289577	小野 清人	東京	2012/4	27,000	33,200	123.0%
243250	唐沢 利一	横浜	2008/4	45,000	48,900	108.7%
160350	神崎 渚	東京	2000/4	26,000	25,800	99.2%
232659	木内 美子	横浜	2007/4	28,000	25,400	90.7%
186521	久保 正	東京	2002/10	27,000	12,800	47.4%
276210	小谷 孝司	東京	2011/4	27,000	33,200	123.0%
120069	小室 健吾	横浜	1996/4	30,000	35,400	118.0%
332155	斉藤 理恵	横浜	2017/4	35,000	26,600	76.0%
245699	佐伯 三郎	東京	2008/4	29,000	29,500	101.7%
233520	榊原 真子	東京	2007/4	50,000	30,300	60.6%
252510	笹川 栄子	横浜	2009/10	30,000	29,900	99.7%
279555	笹木 進	東京	2011/10	27,000	22,900	84.8%
245210	佐藤 一郎	東京	2008/4	28,000	28,200	100.7%
247465	島木 敬一	東京	2008/4	28,000	23,600	84.3%
235294	島田 誠	東京	2007/4	28,000	22,500	80.4%
274587	鈴木 陽子	東京	2011/4	26,000	23,600	90.8%
133111	曽根 学	千葉	1997/4	29,000	29,600	102.1%
220026	高木 祐子	千葉	2006/4	40,000	31,200	78.0%
320012	高城 健一	横浜	2016/4	29,000	33,800	116.6%
252151	高橋 弘毅	東京	2009/10	32,000	21,500	67.2%
304520	田中 知夏	千葉	2014/4	45,000	48,900	108.7%
220023	塚越 孝太	千葉	2006/4	30,000	31,300	104.3%
243799	津島 貴子	東京	2008/4	27,000	26,600	98.5%
294100	堂本 直人	東京	2013/4	38,000	30,100	79.2%
274120	中野 博	横浜	2011/4	27,000	22,400	83.0%
278251	中村 健一	千葉	2011/10	35,000	30,700	87.7%
233549	中村 仁	東京	2007/4	29,000	18,400	63.4%
220099	中村 勇人	横浜	2006/4	30,000	22,300	74.3%
232651	橋本 正雄	東京	2007/4	35,000	26,600	76.0%
262000	藤本 真一	千葉	2010/4	45,000	48,900	108.7%
291874	堀田 隆弘	横浜	2013/4	27,000	28,700	106.3%
332210	堀越 恵子	東京	2017/4	33,000	31,200	94.5%
181210	森山 光輝	千葉	2002/4	36,000	23,700	65.8%
220074	八木 俊一	千葉	2006/4	32,000	33,600	105.0%
220029	山川 晴子	東京	2006/4	52,000	31,900	61.3%
229857	脇坂 祐二	東京	2006/4	30,000	25,900	86.3%
316900	和田 由美	横浜	2015/10	32,000	33,100	103.4%

●「入社年」が「2014/4」以降のレコードを抽出

	A	B	C	D	E	F	G	H	I
1									
2					売上実績				
3								単位：百万円	
4									
5		社員番号	氏名	地区	入社年	今期目標	今期実績	達成率	
8		304520	田中　知夏	千葉	2014/4	45,000	48,900	108.7%	
35		332210	堀越　恵子	東京	2017/4	33,000	31,200	94.5%	
43		332155	斉藤　理恵	横浜	2017/4	35,000	26,600	76.0%	
45		320012	高城　健一	横浜	2016/4	29,000	33,800	116.6%	
49		316900	和田　由美	横浜	2015/10	32,000	33,100	103.4%	
50									

●テーブルの最終行に「今期実績」の合計を表示し、「達成率」の集計を非表示

	A	B	C	D	E	F	G	H	I
1									
2					売上実績				
3								単位：百万円	
4									
5		社員番号	氏名	地区	入社年	今期目標	今期実績	達成率	
6		133111	曽根　学	千葉	1997/4	29,000	29,600	102.1%	
7		220026	高木　祐子	千葉	2006/4	40,000	31,200	78.0%	
8		304520	田中　知夏	千葉	2014/4	45,000	48,900	108.7%	
9		220023	塚越　孝太	千葉	2006/4	30,000	31,300	104.3%	
10		278251	中村　健一	千葉	2011/10	35,000	30,700	87.7%	
11		262000	藤本　真一	千葉	2010/4	45,000	48,900	108.7%	
12		181210	森山　光輝	千葉	2002/4	36,000	23,700	65.8%	
13		220074	八木　俊一	千葉	2006/4	32,000	33,600	105.0%	
14		251200	青田　浩介	東京	2009/4	32,000	23,100	72.2%	
15		220001	秋田　勉	東京	2006/4	31,000	30,500	98.4%	
16		245260	阿部　次郎	東京	2008/4	28,000	22,800	81.4%	
17		247100	上田　伸二	東京	2008/4	28,000	27,800	99.3%	
40		243250	唐沢　利一	横浜	2008/4	45,000	48,900	108.7%	
41		232659	木内　美子	横浜	2007/4	28,000	25,400	90.7%	
42		120069	小室　健吾	横浜	1996/4	30,000	35,400	118.0%	
43		332155	斉藤　理恵	横浜	2017/4	35,000	26,600	76.0%	
44		252510	笹川　栄子	横浜	2009/10	30,000	29,900	99.7%	
45		320012	高城　健一	横浜	2016/4	29,000	33,800	116.6%	
46		274120	中野　博	横浜	2011/4	27,000	22,400	83.0%	
47		220099	中村　勇人	横浜	2006/4	30,000	22,300	74.3%	
48		291874	堀田　隆弘	横浜	2013/4	27,000	28,700	106.3%	
49		316900	和田　由美	横浜	2015/10	32,000	33,100	103.4%	
50		集計					1,252,300		
51									

① セル範囲【F6：G49】に3桁区切りカンマを付けましょう。

② セル【H6】に「達成率」を求めましょう。

Hint! 「達成率」は「今期実績÷今期目標」で求めます。

③ セル【H6】を小数第1位までの「％（パーセント）」で表示しましょう。

④ セル【H6】の数式を、セル範囲【H7：H49】にコピーしましょう。

⑤ A列の列の幅を「2」に変更しましょう。

⑥ 表をテーブルに変換しましょう。

⑦ テーブルスタイルを「緑, テーブルスタイル（中間）21」に変更しましょう。

⑧ 「氏名」を基準に昇順で並べ替えましょう。

⑨ 「地区」を基準に昇順で並べ替えましょう。

⑩ 「入社年」が「2014/4」以降のレコードを抽出しましょう。

Hint! 《日付フィルター》の《指定の値より後》を使います。

⑪ フィルターのすべての条件を解除しましょう。

⑫ 「達成率」が100％より大きいセルに、「濃い緑の文字、緑の背景」の書式を設定しましょう。

⑬ テーブルの最終行に集計行を表示しましょう。「今期実績」の合計を表示し、「達成率」の集計は非表示にします。

※ブックに「総合問題6完成」と名前を付けて、フォルダー「総合問題」に保存し、閉じておきましょう。
※Excelを終了しておきましょう。

総合問題7

解答 ▶ P.17

完成図のような文書を作成しましょう。
※設定する項目名が一覧にない場合は、任意の項目を選択してください。

フォルダー「総合問題」のWordの文書「総合問題7報告書」とExcelのブック「総合問題7売上表」を開いておきましょう。その後、Excelに切り替えておきましょう。

●完成図

2019年7月5日
営業部

カテゴリ別売上報告書

2019年4月から6月のカテゴリ別売上金額は、次のとおりです。

1.　売上表

単位：千円

カテゴリ	4月	5月	6月	合計
キッチン	5,184	4,497	4,008	13,689
寝具	4,226	2,990	3,136	10,352
収納	5,630	5,401	4,218	15,249
雑貨	1,628	920	1,036	3,584
ガーデニング	2,610	1,376	1,255	5,241
合計	19,278	15,184	13,653	48,115

2.　売上グラフ

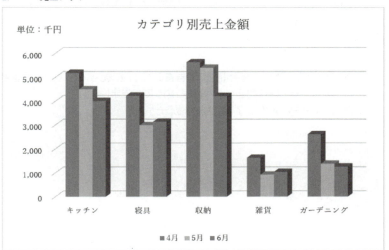

① セル【B2】のタイトルのフォントサイズを「14」ポイントに設定しましょう。

② セル範囲【B2:F2】を結合し、結合したセルの中央にタイトルを配置しましょう。

③ セル範囲【B4:E9】をもとに、「カテゴリ別売上金額」を表す3-D集合縦棒グラフを作成し、セル範囲【B12:G26】の位置に配置しましょう。

④ グラフタイトルを「カテゴリ別売上金額」に変更しましょう。

⑤ グラフの色を「カラフルなパレット3」に変更しましょう。

Hint! グラフの色を変更するには、《デザイン》タブ→《グラフスタイル》グループの (グラフクイックカラー)を使います。

⑥ 値軸の軸ラベルを表示し、軸ラベルを「単位:千円」に変更しましょう。

⑦ 値軸の軸ラベルが左に90度回転した状態になっているのを解除し、グラフの左上に移動しましょう。

⑧ 完成図を参考に、プロットエリアのサイズを変更しましょう。

Hint! プロットエリアのサイズを変更するには、プロットエリアを選択した状態で、○(ハンドル)をドラッグします。

⑨ セル【C7】のデータを「5630」に変更し、合計のデータが再計算され、グラフが更新されることを確認しましょう。

⑩ セル範囲【B3:F10】をWordの文書「総合問題7報告書」の「1.売上表」の下の行に貼り付けましょう。

⑪ Wordの文書に貼り付けた表のフォントサイズを「10.5」ポイントに変更しましょう。

⑫ グラフをWordの文書「総合問題7報告書」の「2.売上グラフ」の下の行に貼り付けましょう。

※Wordの文書に「総合問題7報告書完成」、Excelのブックに「総合問題7売上表完成」と名前を付けて、フォルダー「総合問題」に保存し、閉じておきましょう。
※WordとExcelを終了しておきましょう。

索引

Index

索引

記号

$（ドル） ……………………………… 138,139

数字

3桁区切りカンマの表示 ……………………… 144

A

AVERAGE関数 ………………………………… 136

E

Excelの概要 …………………………………… 102
Excelの画面構成 ……………………………… 109
Excelの起動 …………………………… 104,205
Excelの基本要素 ……………………………… 108
Excelのスタート画面 ………………………… 105
Excelの表示モード …………………………… 111
Excelの表の貼り付け ………………………… 207
Excelの表のリンク貼り付け ………………… 209
Excelへようこそ ……………………………… 105

M

MAX関数 ……………………………………… 137
Microsoftアカウントの表示名 …………… 16,109
Microsoftアカウントのユーザー情報 …… 13,105
MIN関数 ……………………………………… 137

S

SUM関数 ……………………………………… 133

W

Webレイアウト ………………………………… 17
Wordの概要 …………………………………… 10
Wordの画面構成 ……………………………… 16
Wordの起動 …………………………… 12,205
Wordの終了 …………………………………… 23
Wordのスタート画面 ………………………… 13
Wordの表示モード …………………………… 17
Wordへようこそ ……………………………… 13

あ

アート効果 ……………………………………… 69
アイコンセット ………………………… 197,200
あいさつ文の挿入 ……………………………… 31
明るさの調整 …………………………………… 69
アクティブウィンドウ ………………… 108,206
アクティブシート ……………………………… 108
アクティブシートの保存 ……………………… 128
アクティブセル ………………………… 108,110
アクティブセルの指定 ………………………… 120
アクティブセルの保存 ………………………… 128
値軸 …………………………………………… 172
値軸の書式設定 ……………………………… 178
新しいシート ………………………………… 110
新しいブックの作成 ………………………… 117
新しい文書の作成 ……………………………… 27
宛先の選択 …………………………………… 216
宛先リスト …………………………………… 214

い

移動（画像） …………………………………… 68
移動（グラフ） ……………………………… 164
移動（文字） …………………………………… 38
移動（ワードアート） ………………………… 62
印刷（グラフ） ……………………………… 168
印刷（差し込み印刷） ………………………… 220
印刷（表） …………………………… 152,154
印刷（文書） ……………………………… 47,48
印刷レイアウト ………………………………… 17
インデント …………………………… 41,185

う

ウィンドウの切り替え ……………………… 207
ウィンドウの操作ボタン ……………… 16,109
上書き（文字） ………………………………… 35
上書き保存 ……………………………………… 50

え

閲覧の再開	22
閲覧モード	17,18
円グラフ	160
円グラフの構成要素	162
円グラフの作成	160
演算記号	122

お

オートフィル	126
オートフィルオプション	127
オートフィルのドラッグの方向	127
おすすめグラフ	169
折り返して全体を表示する	149

か

カーソル	16
解除（箇条書き）	46
解除（下線）	44,143
解除（均等割り付け）	45
解除（罫線）	140
解除（斜体）	44,143
解除（セルの結合）	147
解除（セルの塗りつぶし）	93,141
解除（中央揃え）	146
解除（表示形式）	145
解除（太字）	44,143
解除（ページ罫線）	75
改ページプレビュー	111
囲み線	44
箇条書き	46
箇条書きの解除	46
下線	44,143
下線の解除	44,143
画像	63
画像の明るさの調整	69
画像の移動	68
画像の色の変更	70
画像のコントラストの調整	69
画像のサイズ変更	67
画像の挿入	63
画像の枠線の変更	71
カラースケール	197,200
関数	133
関数の入力	133

き

記書きの入力	33
起動（Excel）	104,205
起動（Word）	12,205
行	81,108
強制改行	149
行の削除	84,151
行の挿入	83,150
行の高さの変更	87,148
行番号	110
切り離し円の作成	167
均等割り付け	45,92
均等割り付けの解除	45

く

クイックアクセスツールバー	16,109
クイック分析	140
空白のブック	105
グラフエリア	162,172
グラフエリアの書式設定	176
グラフ機能	159
グラフシート	173
グラフスタイル	180
グラフタイトル	162,172
グラフタイトルの入力	163
グラフの移動	164
グラフの色の変更	167
グラフの印刷	168
グラフの更新	168
グラフの構成要素	162,172
グラフのサイズ変更	165
グラフの削除	168
グラフの作成	160,170
グラフのスタイルの適用	166
グラフの配置	165
グラフの場所の変更	173
グラフの貼り付け	212
グラフのレイアウトの設定	175
グラフフィルター	179,180
グラフ要素	180
グラフ要素の書式設定	175,178
グラフ要素の選択	163
グラフ要素の非表示	175
グラフ要素の表示	174
クリア（条件）	195
クリア（データ）	124

索引

クリア（ルール）……………………………… 199
繰り返し ……………………………………… 41
クリップボード ……………………………… 36,38

け

罫線の解除 …………………………………… 140
罫線の種類の変更 …………………………… 94
罫線の設定 …………………………………… 140
罫線の太さの変更 …………………………… 94
結果のプレビュー …………………………… 219
検索ボックス ………………………………… 13,105

こ

合計 …………………………………………… 133
降順 …………………………………………… 191
項目軸 ………………………………………… 172
コピー（数式） ……………………………… 127
コピー（文字） ……………………………… 36
コントラストの調整 ………………………… 69

さ

最近使ったファイル ………………………… 13,105
再計算 ………………………………………… 122
最小化 ………………………………………… 16,109
最小値 ………………………………………… 137
サイズ変更（画像） ………………………… 67
サイズ変更（グラフ） ……………………… 165
サイズ変更（表） …………………………… 84
最大化 ………………………………………… 16,109
最大値 ………………………………………… 137
サインアウト ………………………………… 13,105
サインイン …………………………………… 13,105
削除（行） …………………………………… 84,151
削除（グラフ） ……………………………… 168
削除（シート） ……………………………… 112
削除（表） …………………………………… 84
削除（文字） ………………………………… 34
削除（列） …………………………………… 84,151
差し込み印刷 ………………………………… 214
差し込み印刷の開始 ………………………… 215
差し込み印刷の実行 ………………………… 215
差し込みフィールドの挿入 ………………… 219

し

シート ………………………………………… 108
シートの切り替え …………………………… 113
シートの削除 ………………………………… 112
シートの挿入 ………………………………… 112
シート見出し ………………………………… 110
字送りの範囲 ………………………………… 35
軸ラベル ……………………………………… 172
軸ラベルの書式設定 ………………………… 175
軸ラベルの表示 ……………………………… 174
字詰めの範囲 ………………………………… 35
自動保存 ……………………………………… 50
斜体 …………………………………………… 44,143
斜体の解除 …………………………………… 44,143
集計行の表示 ………………………………… 190
終了（Word） ………………………………… 23
縮小して全体を表示する …………………… 149
上位/下位ルール …………………………… 197,199
条件付き書式 ………………………………… 197
条件のクリア ………………………………… 195
昇順 …………………………………………… 191
小数点以下の桁数の表示 …………………… 145
ショートカットツール ……………………… 180
書式設定（値軸） …………………………… 178
書式設定（グラフエリア） ………………… 176
書式設定（グラフ要素） …………………… 175
書式設定（軸ラベル） ……………………… 175
書式設定（表） ……………………………… 140
新規作成（ブック） ………………………… 117
新規作成（文書） …………………………… 27

す

図 ……………………………………………… 63
垂直方向の配置 ……………………………… 146
水平線の挿入 ………………………………… 97
数式 …………………………………………… 121
数式のコピー ………………………………… 127
数式の再計算 ………………………………… 122
数式の入力 …………………………………… 121
数式バー ……………………………………… 110
数式バーの展開 ……………………………… 110
数値 …………………………………………… 118
数値の入力 …………………………………… 120
数値フィルター ……………………………… 196
ズーム ………………………………………… 16,110
スクロール …………………………………… 17

スクロールバー	16,110
スタート画面	13,105
スタイル（グラフ）	166
スタイル（図）	70
スタイル（セル）	143
スタイル（テーブル）	187
スタイル（表）	95
ステータスバー	16,110
図のスタイル	70
図のリセット	70
スパークライン	180
すべてクリア	124

せ

絶対参照	138
セル	81,108,110
セル内の配置の設定	90,146
セルの強調表示ルール	197,198
セルの均等割り付け	92
セルの結合	88,147
セルの結合の解除	147
セルの参照	138
セルのスタイル	143
セルの塗りつぶし	93,141
セルの塗りつぶしの解除	93,141
セルの分割	89
セル範囲	125
セル範囲の選択	125
セル範囲への変換	188
セルを結合して中央揃え	147
全セル選択ボタン	110
選択（グラフ要素）	163
選択（セル範囲）	125
選択（データ要素）	168
選択（範囲）	34,125
選択（表）	84
選択領域	16

そ

操作アシスト	16,110
操作の繰り返し	41
相対参照	138
挿入（あいさつ文）	31
挿入（画像）	63
挿入（行）	83,150
挿入（差し込みフィールド）	219

挿入（シート）	112
挿入（水平線）	97
挿入（日付）	29
挿入（文字）	35
挿入（列）	83,151
挿入（ワードアート）	57
挿入オプション	151
その他のブック	105
その他の文書	13

た

タイトルバー	16,109
縦棒グラフ	170
縦棒グラフの構成要素	172
縦棒グラフの作成	170
縦横の合計	135
段落	35
段落罫線	96
段落罫線の設定	96
段落番号	46

ち

中央揃え	40,146
中央揃えの解除	146
抽出	194
抽出結果の絞り込み	195

つ

通貨の表示	144

て

データ系列	162,172
データの確定	120
データのクリア	124
データの修正	123
データの種類	118
データの抽出	194
データの並べ替え	191
データの入力	118
データバー	197,199
データベース	184
データベース機能	184
データ要素	162
データ要素の選択	168

データラベル……………………………… 162
テーブル…………………………………… 186
テーブルスタイル………………………… 187
テーブルスタイルの適用………………… 188
テーブルの利用…………………………… 189
テーブルへの変換………………………… 187
テーマ………………………………………… 75

と

頭語と結語の入力…………………………… 31
閉じる（文書）……………………………… 21
閉じる（ボタン）………………………… 16,109

な

名前ボックス……………………………… 110
名前を付けて保存……………………… 49,50
並べ替え……………………………… 184,191

に

入力（関数）……………………………… 133
入力（記書き）……………………………… 33
入力（グラフタイトル）………………… 163
入力（数式）……………………………… 121
入力（数値）……………………………… 120
入力（データ）…………………………… 118
入力（頭語と結語）………………………… 31
入力（日付）……………………………… 121
入力（文章）………………………………… 29
入力（文字列）…………………………… 119
入力（連続データ）……………………… 126
入力オートフォーマット…………………… 31
入力モードの切り替え…………………… 121

は

パーセントの表示………………………… 144
配置ガイド…………………………………… 62
白紙の文書…………………………………… 13
貼り付け…………………………… 205,207
貼り付けのオプション…………………… 37
貼り付けのプレビュー…………………… 37
範囲………………………………………… 125
範囲選択…………………………………… 34
凡例…………………………………… 162,172

ひ

引数………………………………………… 133
引数の自動認識…………………………… 137
左インデント………………………………… 41
日付と時刻…………………………………… 29
日付の挿入…………………………………… 29
日付の入力………………………………… 121
ひな形の文書……………………………… 214
ひな形の文書の保存……………………… 221
表示形式…………………………………… 143
表示形式の解除…………………………… 145
表示形式の設定…………………………… 143
表示選択ショートカット……………… 16,110
表示倍率の変更…………………………… 19
表示モード…………………………… 17,111
標準（表示モード）……………………… 111
表の印刷……………………………… 152,154
表のサイズ変更…………………………… 84
表の削除…………………………………… 84
表の作成…………………………………… 81
表の書式設定……………………… 90,140
表のスタイル……………………………… 95
表の選択…………………………………… 84
表の配置の変更…………………………… 92
表のレイアウトの変更…………………… 83
表をテーブルに変換……………………… 186
開く（ブック）…………………………… 106
開く（文書）……………………………… 14

ふ

ファイル名………………………………… 50
フィールド………………………………… 184
フィールド名……………………………… 184
フィルター……………………………… 184,194
フィルターの実行………………………… 194
フィルターモード………………………… 186
フィルハンドル…………………………… 126
フォントサイズの設定……………… 42,59,142
フォントの色の設定………………… 43,142
フォントの設定……………………… 42,59,142
複数アプリの起動………………………… 205
複数アプリの切り替え…………………… 206
ブック……………………………………… 108
ブックの新規作成………………………… 117
ブックを開く……………………………… 106
太字………………………………………… 44,143

太字の解除	44,143
プロットエリア	162,172
文章の入力	29
文書の印刷	47
文書の自動保存	50
文書の新規作成	27
文書の保存	49
文書を閉じる	21
文書を開く	14

へ

平均	136
ページ罫線	74
ページ罫線の解除	75
ページ罫線の設定	74
ページ設定	27,153
ページ設定の保存	154
ページレイアウト	111
編集記号	29
編集記号の表示	29
編集状態	123

ほ

他のブックを開く	105
他の文書を開く	13
保存	49
ボタンの形状	30

ま

マウスポインター	16

み

右揃え	40
見出しスクロールボタン	110
ミニツールバー	43

も

文字の移動	38
文字の効果と体裁	73
文字の効果の設定	73
文字のコピー	36
文字の削除	34
文字の挿入	35

文字列	118
文字列の折り返し	65,66
文字列の強制改行	149
文字列の入力	119
元に戻す	35
元に戻す（縮小）	16,109

り

リアルタイムプレビュー	43
リセット（図）	70
リボン	16,110
リボンの表示オプション	16,109
リンクの更新	211,212
リンク貼り付け	205,209

る

ルールのクリア	199

れ

レイアウトオプション	58
レコード	184
レコードの抽出	194
列	81,108
列の削除	84,151
列の挿入	83,151
列の幅の自動調整	149
列の幅の変更	86,148
列番号	110
列見出し	184
連続データの入力	126

わ

ワークシート	108
ワードアート	57
ワードアートの移動	62
ワードアートの形状の変更	61
ワードアートの挿入	57
ワードアートのフォントサイズの設定	59
ワードアートのフォントの設定	59
ワードアートの枠線	60

ローマ字・かな対応表

	あ	い	う	え	お
あ	A	I	U	E	O
	ぁ	ぃ	ぅ	ぇ	ぉ
	LA XA	LI XI	LU XU	LE XE	LO XO
	か	き	く	け	こ
か	KA	KI	KU	KE	KO
	きゃ	きぃ	きゅ	きぇ	きょ
	KYA	KYI	KYU	KYE	KYO
	さ	し	す	せ	そ
さ	SA	SI SHI	SU	SE	SO
	しゃ	しぃ	しゅ	しぇ	しょ
	SYA SHA	SYI	SYU SHU	SYE SHE	SYO SHO
	た	ち	つ	て	と
	TA	TI CHI	TU TSU	TE	TO
			っ		
た			LTU XTU		
	ちゃ	ちぃ	ちゅ	ちぇ	ちょ
	TYA CYA CHA	TYI CYI	TYU CYU CHU	TYE CYE CHE	TYO CYO CHO
	てゃ	てぃ	てゅ	てぇ	てょ
	THA	THI	THU	THE	THO
	な	に	ぬ	ね	の
な	NA	NI	NU	NE	NO
	にゃ	にぃ	にゅ	にぇ	にょ
	NYA	NYI	NYU	NYE	NYO
	は	ひ	ふ	へ	ほ
	HA	HI	HU FU	HE	HO
	ひゃ	ひぃ	ひゅ	ひぇ	ひょ
は	HYA	HYI	HYU	HYE	HYO
	ふぁ	ふぃ		ふぇ	ふぉ
	FA	FI		FE	FO
	ふゃ	ふぃ	ふゅ	ふぇ	ふょ
	FYA	FYI	FYU	FYE	FYO
	ま	み	む	め	も
ま	MA	MI	MU	ME	MO
	みゃ	みぃ	みゅ	みぇ	みょ
	MYA	MYI	MYU	MYE	MYO

	や	い	ゆ	いぇ	よ
や	YA	YI	YU	YE	YO
	ゃ		ゅ		ょ
	LYA XYA		LYU XYU		LYO XYO
	ら	り	る	れ	ろ
ら	RA	RI	RU	RE	RO
	りゃ	りぃ	りゅ	りぇ	りょ
	RYA	RYI	RYU	RYE	RYO
	わ	うぃ	う	うぇ	を
わ	WA	WI	WU	WE	WO
	ん				
ん	NN				
	が	ぎ	ぐ	げ	ご
が	GA	GI	GU	GE	GO
	ぎゃ	ぎぃ	ぎゅ	ぎぇ	ぎょ
	GYA	GYI	GYU	GYE	GYO
	ざ	じ	ず	ぜ	ぞ
	ZA	ZI JI	ZU	ZE	ZO
ざ	じゃ	じぃ	じゅ	じぇ	じょ
	JYA ZYA JA	JYI ZYI	JYU ZYU JU	JYE ZYE JE	JYO ZYO JO
	だ	ぢ	づ	で	ど
	DA	DI	DU	DE	DO
	ぢゃ	ぢぃ	ぢゅ	ぢぇ	ぢょ
だ	DYA	DYI	DYU	DYE	DYO
	でゃ	でぃ	でゅ	でぇ	でょ
	DHA	DHI	DHU	DHE	DHO
	どぁ	どぃ	どぅ	どぇ	どぉ
	DWA	DWI	DWU	DWE	DWO
	ば	び	ぶ	べ	ぼ
ば	BA	BI	BU	BE	BO
	びゃ	びぃ	びゅ	びぇ	びょ
	BYA	BYI	BYU	BYE	BYO
	ぱ	ぴ	ぷ	ぺ	ぽ
ぱ	PA	PI	PU	PE	PO
	ぴゃ	ぴぃ	ぴゅ	ぴぇ	ぴょ
	PYA	PYI	PYU	PYE	PYO
	ヴぁ	ヴぃ	ヴ	ヴぇ	ヴぉ
ヴ	VA	VI	VU	VE	VO
っ	後ろに「N」以外の子音を2つ続ける 例：だった→DATTA				
	単独で入力する場合 LTU　XTU				

よくわかる
Microsoft® Word 2019 & Microsoft® Excel 2019
(FPT1905)

2019年 7月 3日　初版発行
2024年 3月13日　第2版第11刷発行

著作／制作：富士通エフ・オー・エム株式会社

発行者：山下　秀二

発行所：FOM出版（富士通エフ・オー・エム株式会社）
　　　　〒212-0014　神奈川県川崎市幸区大宮町1番地5　JR川崎タワー
　　　　　　　　　　株式会社富士通ラーニングメディア内
　　　　　　　https://www.fom.fujitsu.com/goods/

印刷／製本：株式会社サンヨー

表紙デザインシステム：株式会社アイロン・ママ

- 本書は、構成・文章・プログラム・画像・データなどのすべてにおいて、著作権法上の保護を受けています。
  本書の一部あるいは全部について、いかなる方法においても複写・複製など、著作権法上で規定された権利を侵害する行為を行うことは禁じられています。
- 本書に関するご質問は、ホームページまたはメールにてお寄せください。
  <ホームページ>
  上記ホームページ内の「FOM出版」から「QAサポート」にアクセスし、「QAフォームのご案内」からQAフォームを選択して、必要事項をご記入の上、送信してください。
  <メール>
  FOM-shuppan-QA@cs.jp.fujitsu.com
  なお、次の点に関しては、あらかじめご了承ください。
  ・ご質問の内容によっては、回答に日数を要する場合があります。
  ・本書の範囲を超えるご質問にはお答えできません。　・電話やFAXによるご質問には一切応じておりません。
- 本製品に起因してご使用者に直接または間接的損害が生じても、富士通エフ・オー・エム株式会社はいかなる責任も負わないものとし、一切の賠償などは行わないものとします。
- 本書に記載された内容などは、予告なく変更される場合があります。
- 落丁・乱丁はお取り替えいたします。

©2021 Fujitsu Learning Media Limited
Printed in Japan

FOM出版のシリーズラインアップ

定番の よくわかる シリーズ

「よくわかる」シリーズは、長年の研修事業で培ったスキルをベースに、ポイントを押さえたテキスト構成になっています。すぐに役立つ内容を、丁寧に、わかりやすく解説しているシリーズです。

資格試験の よくわかるマスター シリーズ

「よくわかるマスター」シリーズは、IT資格試験の合格を目的とした試験対策用教材です。

■MOS試験対策　　　　　　　　　■情報処理技術者試験対策

ITパスポート試験　　　　基本情報技術者試験

FOM出版テキスト 最新情報 のご案内

FOM出版では、お客様の利用シーンに合わせて、最適なテキストをご提供するために、様々なシリーズをご用意しています。

FOM出版　検索

https://www.fom.fujitsu.com/goods/

FAQ のご案内
[テキストに関するよくあるご質問]

FOM出版テキストのお客様Q&A窓口に皆様から多く寄せられたご質問に回答を付けて掲載しています。

FOM出版　FAQ　検索

https://www.fom.fujitsu.com/goods/faq/